Les 100 mots du nucléaire

QUE SAIS-JE ?

Les 100 mots du nucléaire

ANNE LAUVERGEON

BERTRAND BARRÉ

DES MÊMES AUTEURS

Anne Lauvergeon, Michel Jamard, *La troisième révolution énergétique,* Plon, 2008.
Bertrand Barré, Pierre-René Bauquis, *L'énergie nucléaire. Comprendre l'avenir,* Hirlé, 2007.

BIBLIOGRAPHIE THÉMATIQUE « QUE SAIS-JE ? »

Jean-Marie Chevalier, *Les 100 mots de l'énergie,* n° 3815
Bruno Tertrais, *L'arme nucléaire,* n° 3758
Paul Reuss, *L'énergie nucléaire,* n° 317
Joseph Weisse, *La fusion nucléaire,* n° 3659
Jacques Vernier, *Les énergies renouvelables,* n° 3240

ISBN 978-2-13-057209-1

Dépôt légal — 1re édition : 2009, mars

6, avenue Reille, 75014 Paris

INTRODUCTION

L'énergie est au cœur d'un dilemme crucial en ce début du XXIe siècle : elle est indispensable au développement d'une grande partie de l'humanité qui ne jouit pas de ce qu'en Europe nous considérons comme un minimum vital, mais son usage actuel – fondé à 80 % sur la combustion de charbon, pétrole et gaz naturel – menace l'équilibre climatique de la planète et donc le bien-être de l'humanité entière. Dans ce contexte, l'énergie nucléaire, qui produit de l'électricité en masse sans pratiquement émettre de gaz à effet de serre, présente des attraits évidents. Elle permet aussi d'économiser des ressources fossiles précieuses pour les générations futures.

Mais elle n'est pas sans inconvénients : sa complexité ne la rend pas accessible à tous aujourd'hui et elle amène à produire, manipuler et transporter d'importantes quantités de substances radioactives. Il est essentiel de protéger la population contre les effets nocifs potentiels des rayonnements émis par ces substances.

Avantages, inconvénients : ce sont les ingrédients d'un choix de société, et l'énergie nucléaire suscite effectivement des controverses et laisse rarement indifférent.

Il n'y a pas de choix démocratique si le citoyen n'est pas informé. Contribuer à cette information, c'est l'ambition de ce livre.

Chapitre I

AU CŒUR DE LA MATIÈRE

1 – Atome, 2 – Molécule, 3 – Noyau, 4 – Électron, 5 – Neutron, 6 – Proton

La matière qui nous entoure, qu'elle soit solide, liquide ou gazeuse, vivante ou inanimée, est constituée d'**atomes,** quelquefois isolés mais le plus souvent assemblés en **molécules** ou en cristaux. Chaque atome est lui-même constitué d'un **noyau,** qui rassemble presque toute sa masse, entouré d'un certain nombre d'**électrons.** Les électrons, d'une masse infime, sont porteurs d'une charge électrique négative. Le noyau est lui-même constitué d'un assemblage de ***nucléons*** de masse identique : les **neutrons** qui sont dépourvus de charge électrique et les **protons** qui portent une charge positive de grandeur égale à celle des électrons. Le nombre de protons est égal à celui des électrons : l'atome est donc électriquement neutre. Ce nombre détermine la nature chimique de l'atome. La masse de l'atome est proportionnelle au nombre total de nucléons (la masse d'un nucléon est 1 830 fois celle d'un électron).

L'atome est très petit : dans 100 g de fer, il y a environ 1 million de milliards de milliards d'atomes (1 suivi de 24 zéros !). Il est aussi « plein de vide » : si un atome avait la taille d'une cathédrale, le noyau n'y occuperait pas plus de volume qu'une grosse mouche.

7 – Élément, 8 – Isotope

Les atomes qui ont le même nombre de protons (et donc d'électrons) appartiennent au même **élément** chimique. Les atomes d'hydrogène ont 1 seul proton ; ceux de carbone en ont 6 ; ceux d'oxygène, 8 ; et ceux de fer, 26. Les atomes d'uranium, le plus lourd des éléments naturels, ont 92 protons.

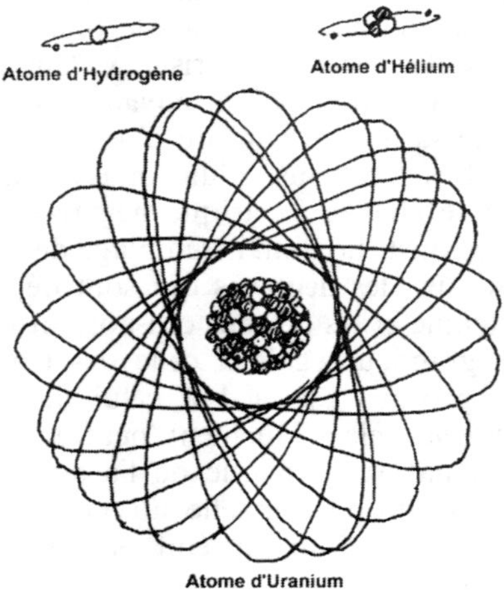

Fig. 1. – Représentation schématique d'atomes H, He, U

L'homme a fabriqué des éléments encore plus lourds, qui ont sans doute existé jadis sur Terre mais qui ont disparu car leur durée de vie était trop courte (voir chap. III) : on compte aujourd'hui 116 éléments au total, que les chimistes présentent en général sur un tableau que l'on appelle « classification périodique », où les éléments qui ont des propriétés chimiques analogues apparaissent sur une même colonne.

Des atomes dont le noyau possède le même nombre de protons peuvent avoir des nombres de neutrons différents : on parle alors d'**isotopes** d'un même élément.

Les électrons sont situés autour du noyau sur des « couches » à des distances bien précises qui correspondent à des énergies déterminées. Chaque couche ne peut accueillir qu'un nombre maximum d'électrons qui la « saturent ». Les électrons périphériques, présents sur la couche la plus éloignée, et donc les moins liés au noyau, servent aux liaisons chimiques entre atomes. Le nombre de ces électrons détermine la colonne où l'on place l'élément dans la classification périodique.

En offrant, acceptant ou mettant en commun des électrons périphériques, des atomes peuvent constituer des molécules. Certaines molécules sont très simples, comme celle de l'eau ou du gaz carbonique composées seulement de trois atomes, mais certaines molécules biologiques comme l'ADN en comportent plusieurs milliards. L'étude des molécules et de leurs interactions est l'objet de la chimie. Dans la suite, nous allons nous focaliser sur le noyau de l'atome, domaine de l'énergie nucléaire (ou de la physique des réacteurs).

H 1																	He 2
Li 3	Be 4											B 5	C 6	N 7	O 8	F 9	Ne 10
Na 11	Mg 12											Al 13	Si 14	P 15	S 16	Cl 17	Ar 18
K 19	Ca 20	Sc 21	Ti 22	V 23	Cr 24	Mn 25	Fe 26	Co 27	Ni 28	Cu 29	Zn 30	Ga 31	Ge 32	As 33	Se 34	Br 35	Kr 36
Rb 37	Sr 38	Y 39	Zr 40	Nb 41	Ma 42	Tc 43	Ru 44	Rh 45	Pd 46	Ag 47	Cd 48	In 49	Sn 50	Sb 51	Te 52	I 53	Xe 54
Cs 55	Ba 56	La* 57	Hf 72	Ta 73	W 74	Re 75	Os 76	Ir 77	Pt 78	Au 79	Hg 80	Tl 81	Pb 82	Bi 83	Po 84	At 85	Rn 86
Fr 87	Ra 88	Ac** 89															

Lanthanides*	Ce 58	Pr 59	Nd 60	Pm 61	Sm 62	Eu 63	Gd 64	Tb 65	Dy 66	Ho 67	Er 68	Tm 69	Yb 70	Lu 71
Actinides**	Th 90	Pa 91	U 92	Np 93	Pu 94	Am 95	Cm 96	Bk 97	Cf 98	Es 99	Fm 100	Md 101	No 102	Lr 103

Fig. 2. – Tableau périodique des éléments

Pour le chimiste, le noyau est insécable, ce qui est le sens du mot grec d'où dérive le mot « atome ». Pour le spécialiste en énergie nucléaire, le noyau est composite, mais ses constituants, les nucléons, peuvent être considérés comme des particules élémentaires. En fait, ils sont eux-mêmes composés de trois ***quarks*** liés par des ***gluons...*** mais cela est une autre histoire.

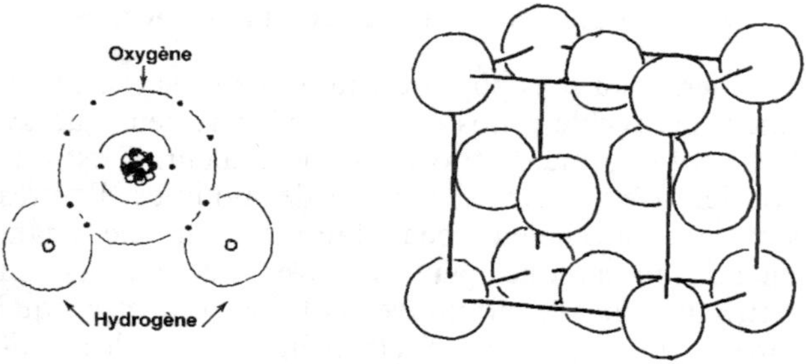

Fig. 3 *a*. – Molécule d'eau *et* Cristal de cuivre

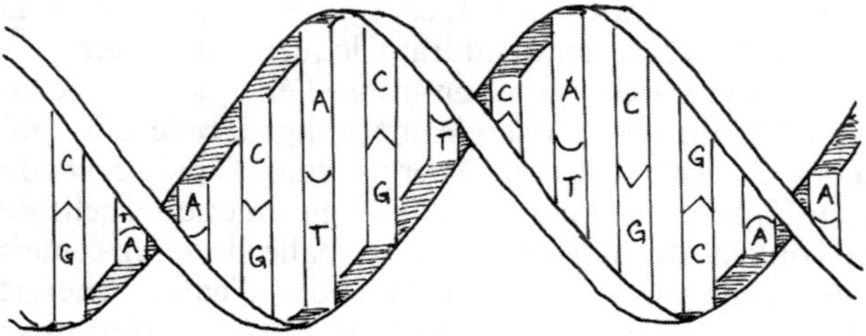

Fig. 3 *b*. – Molécule d'ADN

Chapitre II

QU'EST-CE QUE L'ÉNERGIE ?

9 – Énergie, 10 – Puissance, 11 – Sources

L'**énergie** au sens physique du terme n'est pas directement accessible à nos sens : on n'en ressent que les effets, sous forme de travail ou de chaleur. C'est une propriété d'un système capable de modifier d'autres systèmes : la chaleur peut faire bouillir de l'eau, l'énergie mécanique peut soulever des masses ou mettre un véhicule en mouvement, l'énergie électrique alimente nos appareils électroménagers et électroniques, etc. L'énergie s'exprime en joules. 1 joule (J) est en gros le travail nécessaire pour soulever de 10 cm une masse de 1 kg. L'intensité d'énergie, la **puissance,** s'exprime en watts (W). L'énergie est le produit de la puissance par le temps durant lequel elle s'exerce.

Dans la vie courante, on utilise l'énergie sous beaucoup de formes : l'énergie mécanique, celle des moteurs et des muscles ; l'énergie calorifique, celle du chauffage et de la cuisson ; l'énergie cinétique, celle de la voiture, du marteau et de la balle de tennis, mais aussi celle du vent ou de la chute d'eau ; l'énergie chimique, celle de la nourriture et des carburants ; l'énergie radiative, celle que l'on reçoit du soleil, celle de nos éclairages ou des lasers. Sans oublier l'énergie nucléaire...

Il s'agit bien de formes différentes de la même grandeur, et l'on peut passer d'une forme à une autre grâce à des conversions dont le rendement n'est, hélas, jamais total. Le moteur de notre voiture transforme l'énergie chimique en énergie mécanique et chaleur (perdue), le panneau solaire convertit l'énergie radiative en énergie électrique.

L'énergie, on la recueille ou on la produit à partir de **sources** d'énergie. 80 % de l'énergie ***primaire*** consommée par l'humanité en ce début du XXIe siècle provient de la combustion de pétrole, de charbon et de gaz naturel, qu'on appelle ***combustibles fossiles,*** car ils proviennent du lent stockage, dans certains points de la croûte terrestre, de ***biomasse*** produite par la photosynthèse grâce à l'énergie solaire. La combustion directe de la biomasse produit environ 10 % de la consommation mondiale d'énergie primaire. Les 10 % restants sont fournis par l'hydraulique, l'énergie nucléaire, l'éolien, l'utilisation directe du rayonnement solaire, la géothermie et les énergies marines.

On appelle énergie primaire celle que l'on récupère directement dans la nature : pétrole brut sortant du puits, charbon extrait de la mine, électricité aux bornes d'un alternateur au pied d'un barrage, chaleur produite dans le cœur d'un réacteur nucléaire, etc. Il faut presque toujours transporter, transformer et distribuer cette énergie primaire qui sera alors, suivant le stade, comptabilisée en énergie secondaire puis énergie ***finale*** disponible chez l'utilisateur (essence dans le réservoir, électricité à la prise de courant). Même l'énergie finale ne répond pas à notre besoin ultime : nous voulons le déplacement de notre voiture, la cuisson de nos aliments, le chauffage et l'éclairage de notre chambre : c'est l'énergie ***utile.***

Comme on consomme de l'énergie à toutes les étapes de conversion, transport et distribution, l'énergie finale n'est, en gros, qu'un peu plus de la moitié de l'énergie primaire, et l'énergie utile, le tiers.

Dans les bilans nationaux ou mondiaux, comme le joule est beaucoup trop petit, on utilise les multiples d'une unité artificielle, la ***tep,*** tonne d'équivalent pétrole, à l'aide de coefficients de conversion plus ou moins arbitraires. Ainsi, la consommation mondiale d'énergie primaire en l'an 2000 a été de 10 milliards de tep (10 Gtep), soit une moyenne de 1,7 tep/habitant, moyenne qui masque des disparités énormes d'une région à l'autre de notre planète.

12 – Électricité, 13 – Vecteur

L'**électricité** est l'énergie produite par un déplacement d'électrons dans la matière sous l'action d'un champ électromagnétique. Ce n'est pas une source d'énergie : quand on la capte dans la nature à l'aide d'un paratonnerre, c'est pour s'en débarrasser, mais celle que l'on utilise, il faut la produire à partir de sources primaires. Mais l'électricité est une forme d'énergie qui se prête particulièrement bien au transport et à la distribution, au prix, bien sûr, de quelques pertes en ligne. C'est ce que l'on appelle un **vecteur** d'énergie. Il y a d'autres vecteurs : eau chaude et vapeur, air comprimé, gaz naturel liquéfié ou essence et gazole. Le gaz naturel véhiculé par gazoduc et l'eau chaude d'origine géothermique sont à la fois source et vecteur. C'est une tendance lourde de nos civilisations de passer de l'utilisation directe des sources primaires (chauffage et cuisson au bois, locomotives à charbon) à celle, beaucoup plus commode, des vecteurs. On se prépare à utiliser le vecteur hydrogène dans un avenir pas trop lointain (mais, comme l'électricité, il faudra d'abord le produire).

L'électricité se mesure en ***kilowattheures*** : 1 kWh équivaut à 3,6 millions de joules.

Ce n'est pas un hasard si l'électricité occupe une place de plus en plus importante dans l'approvisionnement énergétique des pays développés et en émergence. De 1973 à 2000, la consommation mondiale d'énergie primaire a été multipliée par 1,7, mais la consommation d'électricité l'a été par 2,5. Cela tient aux qualités remarquables de cette forme d'énergie :

On peut produire de l'électricité à partir de toutes les sources primaires disponibles. Le passage par le vecteur électrique, en dépit d'un rendement de conversion souvent médiocre, permet en fait des économies d'énergie primaire quand on prend en compte l'ensemble de la chaîne d'un processus donné, grâce au rendement exceptionnel de sa transformation en énergie utile. L'électricité permet la décentralisation des moteurs, des contrôles et des régulations. Grâce à elle, le citoyen des pays développés dispose d'une foule d'esclaves mécaniques et électroniques qui ont transformé son mode de vie. L'électricité est le vecteur quasi unique de l'information et de la communication. Enfin, dans les phases de transport, distribution et usage final, l'électricité ne pollue pas et n'occasionne pas d'émission de gaz à effet de serre. Au stade de sa production, ça dépend évidemment de quelle source primaire l'on part et du processus de conversion utilisé.

L'inconvénient majeur de l'électricité tient au fait que l'on ne sait pas la stocker en grandes quantités. On sait que c'est la capacité des accumulateurs, sans parler de leur coût, qui limite l'autonomie des voitures électriques et retarde leur introduction significative. Certains barrages de montagne permettent de remonter par pompage de l'eau dans la retenue en profitant du bas prix de l'électricité en heures creuses : c'est aujourd'hui la façon la plus efficace de stocker de l'électricité, mais cela reste marginal.

En conséquence, il faut produire à tout instant la quantité exacte d'électricité que demandent les consommateurs : la gestion du réseau de transport électrique est donc très délicate, et l'électricité nous est devenue si indispensable que les – rares – défaillances du réseau plongent les régions affectées dans un profond désordre.

Chapitre III

LA RADIOACTIVITÉ

14 – Relativité, 15 – Radiation, 16 – Radioactivité, 17 – Désintégration, 18 – Période radioactive

Nous avons jusqu'ici considéré l'énergie à l'échelle macroscopique. Nous savons, depuis qu'Albert Einstein a formulé sa théorie de la **relativité** restreinte, qu'en fait énergie et masse sont deux formes d'une même grandeur et qu'elles peuvent se transformer l'une en l'autre. C'est la fameuse formule $\mathbf{E = mc^2}$, où c est la vitesse de la lumière dans le vide, et qu'il faudrait écrire : $\Delta E = - c^2 \bullet \Delta m$, car elle exprime qu'à l'intérieur d'un système fermé, à toute variation de masse correspond une *énorme* variation d'énergie en sens inverse. Par exemple, à un défaut de masse de 1 mg correspond un dégagement d'énergie de 25 000 kWh !

Le facteur de proportionnalité c^2 est si grand qu'on ne mesure aucune différence de masse lors des réactions chimiques, même les plus violentes.

On pense aujourd'hui que l'univers s'est formé il y a quelque 14 milliards d'années dans une gigantesque explosion d'énergie, le « Big Bang ». Une partie de cette énergie s'est matérialisée en matière qui a fini par prendre la forme de nucléons et d'électrons, puis de noyaux et enfin d'atomes et molécules. Il est probable que toutes sortes d'assemblages de neutrons et de protons se sont formés, mais très peu ont été assez durables pour subsister de nos jours.

On connaît aujourd'hui 116 éléments qui se déclinent en 2 800 ***nucléides.*** Sur ce total, il n'y en a que 264 qui sont stables (appartenant à 81 éléments) : les autres sont ***radioactifs.*** Ces ***radionucléides*** vont revenir à un état stable en réaménageant la composition de leur noyau. Certains le font très rapidement, d'autres, sur de très longues périodes de temps, mais à chaque fois ce réaménagement s'accompagne de l'émission de **radiations,** que l'ont sait détecter et dont on sait mesurer l'énergie. Cette émission, c'est la **radioactivité,** et ce réaménagement s'appelle **désintégration.** On parle de radioactivité ***naturelle*** et de radioactivité ***artificielle,*** mais il s'agit du même phénomène : c'est l'origine du radionucléide qui est naturelle ou artificielle.

On désigne les nucléides par le symbole chimique de leur élément, accompagné de leur nombre de protons Z (charge) et de leur nombre total de nucléons A (nombre de masse). Souvent, on omet le Z. C'est ainsi que l'isotope de l'uranium de masse 235 se dira : « uranium 235 » et s'écrira : ^{235}U.

Si l'on était capable de surveiller un noyau individuel, on ne saurait absolument pas prédire à quel moment il va se désintégrer, mais, paradoxalement, on connaît avec une grande précision la durée nécessaire à la désintégration de la moitié d'un nombre déterminé de noyaux d'un radionucléide donné. Cette durée, appelée **période radioactive** (ou, improprement,

durée de vie), est absolument spécifique de chaque radionucléide. Une période peut aller d'une fraction de milliseconde à plusieurs milliards d'années, ce qui est le cas des radionucléides naturels, encore présents depuis la constitution du système solaire il y a 4,5 milliards d'années : Potassium 40, Thorium 232, Uranium 238. Le tableau 1 donne les périodes de quelques nucléides d'intérêt particulier :

Tableau 1

Nucléide	*Période*		*Utilisation*
Tritium (^3H)	12,3 ans	A	Fusion
Carbone 14	5 730 ans	N	Datation
Oxygène 15	2,02 min	A	Imagerie méd.
Cobalt 60	5,27 ans	A	Gammagraphie
Césium 137	30,2 ans	A	Curiethérapie
Radon 222	3,82 jours	N	
Radium 226	1 600 ans	N	
Uranium 235	704 M ans	N	Fission
Uranium 238	4,47 G ans	N	Fission
Plutonium 239	24 100 ans	A	Fission

A = Artificiel ; N = Naturel.

Si le nombre de noyaux d'un radionucléide est divisé par deux durant une période, il sera divisé par 1 024 (disons 1 000) au bout de dix périodes.

À l'état libre, le neutron lui-même est radioactif : il se transforme spontanément en proton avec une période d'environ quinze minutes. Mais, combiné au sein d'un noyau stable, il est éternel... On touche du doigt à quel point est simplifiée la représentation classique du noyau en framboise avec des grains neutrons et des grains protons bien arrangés, mais ce schéma suffit à notre propos.

19 – Alpha (α), 20 – Bêta (β^-), 21 – Gamma (γ), 22 – Fission

Les noyaux qui sont instables par excès de neutrons se désintègrent en transformant un neutron en proton et en émettant un électron et une bizarre particule sans masse appelée ***anti-neutrino*** qui a si peu d'interaction avec la matière que nous l'oublierons désormais. Cet électron s'appelle rayonnement **bêta (β^-)** et la transformation est une désintégration β^-.

Symétriquement, les noyaux qui ont un excédent de protons transforment l'un de ceux-ci en neutron avec émission d'un « électron positif », ou ***positon,*** et d'un ***neutrino.*** On parle alors de désintégration β^+.

Quant aux noyaux qui sont instables parce qu'ils ont trop de nucléons, ils peuvent se débarrasser de leur trop-plein de deux façons :

- en éjectant un ensemble de deux protons et deux neutrons – autrement dit, un noyau d'Hélium 4 ou rayon **alpha (α).** C'est la désintégration α, que l'on observe surtout chez les noyaux lourds ;
- en se coupant en deux noyaux différents : c'est la **fission.** Seuls certains noyaux très lourds se fissionnent spontanément, mais nous verrons que certains autres noyaux peuvent être fissionnés après absorption d'un neutron.

Après ces transformations, la plupart des nouveaux noyaux ont encore un excès d'énergie : ils s'en débarrassent en émettant un photon **gamma (γ),** un rayonnement électromagnétique de même nature que les rayons lumineux mais plus énergétique encore que les rayons X. C'est ce qu'on appelle une désintégration γ, qui, à l'inverse des précédentes, ne change pas la composition du noyau ni donc la nature chimique de l'élément (changement que l'on désigne parfois par le mot ***transmutation,*** en souvenir des alchimistes de jadis).

Quelques radionucléides un peu exotiques se désintègrent en émettant un neutron. Quoique rares, certains jouent un grand rôle dans le contrôle des réacteurs nucléaires, comme nous verrons.

23 – Radioprotection, 24 – Confinement

Les rayonnements émis lors des désintégrations radioactives ont assez d'énergie pour arracher un ou plusieurs électrons aux atomes qu'ils rencontrent sur leur passage, les transformant ainsi en ions, chargés positivement. On dit qu'ils sont ***ionisants.*** Les rayons ionisants peuvent ainsi endommager les tissus vivants, en s'attaquant par exemple à une molécule d'ADN. Ils ne sont pas les seuls à le faire ! Le maintien de notre métabolisme par la respiration et la nutrition produit en permanence dans le corps des êtres vivants des espèces chimiques et radicaux libres qui agressent leur ADN : *chaque cellule de notre corps* est ainsi agressée environ 30 000 fois par jour ! C'est dire l'efficacité des mécanismes de réparation de notre ADN. Cela n'empêche pas qu'il faille se protéger des rayonnements ionisants : c'est l'objet de la **radioprotection.**

D'abord, soulignons que si, incolores, inodores et silencieux, les rayonnements ne sont pas accessibles à nos sens, ils sont *faciles à détecter* avec les appareils adaptés (les détecteurs de radiation dont le plus célèbre est le compteur Geiger). Cette détection a une sensibilité inouïe : on peut détecter une seule désintégration. C'est d'ailleurs la base de l'imagerie médicale utilisant un tomographe électron-positon. Par comparaison, on ne saurait détecter un toxique chimique en dessous de milliards de milliards de molécules.

Si l'on a détecté une source de rayonnements ionisants, il est facile de s'en protéger en gardant ses distances, en limitant la durée d'***exposition*** au rayonnement, ou en interposant un écran approprié entre la source et soi-même.

Les rayons α déposent leur énergie sur une très courte distance : ils sont arrêtés par une simple feuille de papier ou même par les cellules mortes de l'épiderme.

Les rayons β ont un pouvoir de pénétration supérieur, mais une feuille d'aluminium suffit à les arrêter.

Les rayons γ sont beaucoup plus pénétrants : on les arrête avec plusieurs centimètres de plomb. De même, les neutrons sont pénétrants puisque dépourvus de charge électrique. Ils sont mieux arrêtés par les matériaux légers que par les matériaux lourds.

Deux mètres de béton ou 6 m d'eau arrêteront la totalité des rayonnements émis par un réacteur nucléaire à pleine puissance. C'est particulièrement spectaculaire de se pencher au-dessus d'une piscine au fond de laquelle le cœur d'un réacteur expérimental à pleine puissance émet cette superbe lumière bleu clair que l'on appelle « effet Tcherenkov », et de mesurer que l'eau de la piscine vous protège effectivement des radiations.

On désigne en général les écrans que l'on interpose ainsi pour se protéger des rayonnements par l'expression ***protection biologique.***

Puisque l'on détecte facilement les rayonnements ionisants et qu'il est facile de s'en protéger une fois détectés, on comprend que l'essentiel de la radioprotection repose sur la garantie que la source radioactive ne bougera pas de son emplacement. C'est le rôle du **confinement,** dont nous reparlerons.

Chapitre IV

LA FISSION NUCLÉAIRE

25 – Modération, 26 – Section efficace

Dès la découverte du neutron par Chadwick en 1932, tous les physiciens d'Europe ont réalisé à quel point cette nouvelle particule, dépourvue de charge électrique et donc insensible à celles de l'électron et du proton, constituait une sonde puissante pour explorer les mystères du noyau atomique. Enrico Fermi, en particulier, se fit une spécialité de bombarder avec des neutrons tous les éléments de la classification périodique telle qu'on la connaissait à l'époque. Le même scénario se reproduisait : un noyau de l'élément cible absorbait le neutron, devenait instable et donc radioactif α, β ou γ, donnant en général naissance à un nucléide de nature chimique différente.

C'est Fermi qui constata le premier que si l'on ralentissait les neutrons, par chocs élastiques sur des noyaux légers (de paraffine), avant d'en bombarder la cible, celle-ci se mettait à absorber beaucoup plus les neutrons. Ce ralentissement, qu'on appelle **modération** ou ***thermalisation*** (parce que la vitesse du neutron descend au niveau de celle que l'agitation thermique confère aux noyaux du matériau ***modérateur***), joue un rôle essentiel dans le fonctionnement de la plupart des réacteurs nucléaires.

Cette aptitude d'un noyau donné à plus ou moins absorber les neutrons (aptitude qui dépend énormément de la vitesse de ces derniers) est exprimée par une grandeur appelée **section efficace** microscopique d'absorption. Notée σ_a, elle a la dimension d'une surface, et s'exprime en barns (1 barn = 10^{-24} cm^2).

Quand, en 1938, Fermi arriva au bout de la classification périodique en bombardant de l'uranium, il crut d'abord avoir fabriqué un élément plus lourd que ce dernier, un ***transuranien.*** Mais, peu satisfait de ses résultats, il les soumit à la communauté des physiciens. C'est l'équipe allemande dirigée par Otto Hahn qui, à l'issue d'analyses chimiques minutieuses, découvrit le pot aux roses : au lieu de s'alourdir, les noyaux d'uranium s'étaient coupés en deux parties inégales. La fission était découverte, et Lise Meitner calculait déjà qu'elle devait s'accompagner d'un considérable dégagement d'énergie. Début 1939, l'équipe française dirigée par Frédéric Joliot-Curie confirma la réalité de

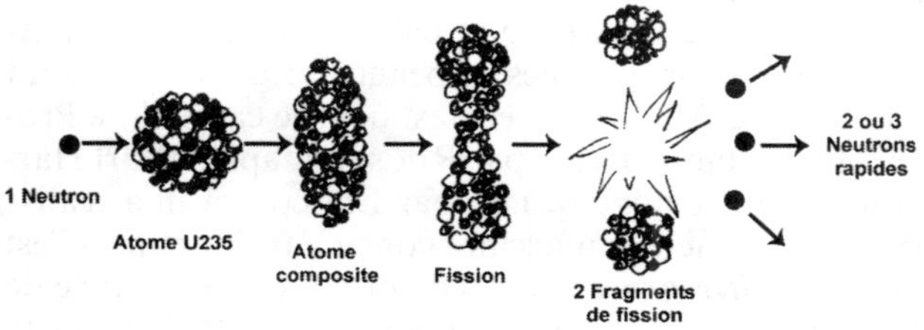

Fig. 4 – Schéma de la fission d'un noyau lourd

la fission de l'uranium et, physiciens plutôt que chimistes, ils découvrirent que celle-ci s'accompagnait de l'émission de nouveaux neutrons (3, pensaient-ils).

27 – Réaction en chaîne, 28 – Réacteur

Dès que l'équipe Joliot eut découvert l'émission de nouveaux neutrons lors de la fission, ils ont imaginé le parti à tirer de ce phénomène : chaque nouveau neutron pouvait, à son tour, fissionner un noyau d'uranium, libérant de nouveaux neutrons et ainsi de suite, constituant ainsi une **réaction en chaîne** de fission. Si on laissait cette réaction évoluer de façon exponentielle, on pouvait réaliser un explosif de puissance considérable. Si on stabilisait la population de neutrons en absorbant les neutrons excédentaires, on pouvait réaliser une source d'énergie stable et très concentrée.

Trois brevets décrivant ainsi le principe de la bombe atomique et celui du **réacteur** nucléaire ont été déposés en mai 1939, complétés par deux autres brevets déposés en avril et mai 1940. Dans le contexte de l'époque, ces brevets ont été classés secrets.

La Seconde Guerre mondiale a dispersé la plupart des équipes européennes et beaucoup de savants sont partis outre-Atlantique, et c'est dans le cadre du « Projet Manhattan » décidé par Roosevelt après Pearl Harbour qu'une équipe dirigée par Enrico Fermi a réalisé le premier réacteur nucléaire conçu par l'homme. C'est lors de la ***divergence*** – autrement dit, du démarrage de ce réacteur, baptisé CP1 (pour Chicago Pile n° 1), que la première réaction en chaîne contrôlée a été réalisée le

2 décembre 1942. On peut considérer que c'est l'acte de naissance de l'énergie nucléaire, bien que le « Projet Manhattan » ait été purement militaire.

29 – Oklo

Pendant trente ans, on a cru que CP1 était le premier réacteur nucléaire. En 1972, à la suite d'une enquête scientifique passionnante, on a découvert plusieurs « réacteurs fossiles » dans un gisement d'uranium situé près d'Oklo (Gabon). Dans ces zones d'un gisement très riche et qui était alors en grande profondeur et saturé d'eau, des réactions de fission en chaîne se sont amorcées il y a presque deux milliards d'années et se sont entretenues sur des durées allant de 100 000 à 800 000 ans !

Ce phénomène unique a, depuis lors, fait l'objet d'études internationales poussées, et on a pu mettre en évidence que les descendants des noyaux lourds qui ont participé au fonctionnement de ces réacteurs fossiles sont restés totalement confinés sur place. Nous en reparlerons au chapitre XII, consacré à la gestion des déchets radioactifs.

30 – Fissile, 31 – Fertile

Très vite, les physiciens ont réalisé que seul l'isotope 235 de l'uranium, qui n'est présent qu'à 0,7 % dans l'uranium naturel, subissait facilement la fission quand il absorbait un neutron : ^{235}U est un isotope **fissile.** En revanche, seuls des neutrons de très haute énergie peuvent fissionner l'uranium 238 qui constitue 99,3 % de l'uranium naturel.

Mais quand un noyau d'uranium 238 absorbe un neutron, par deux désintégrations bêta successives, il se transforme en neptunium puis en plutonium 239, suivant la réaction :

$$^{238}U + n \rightarrow {}^{239}U \rightarrow {}^{239}Np \rightarrow {}^{239}Pu.$$

Cette absorption sans fission est une ***capture.***

^{239}Pu est un nucléide fissile. On dit que ^{238}U est **fertile.** Un autre exemple de nucléide fertile est le thorium 232, ^{232}Th, seul isotope naturel du thorium, qui donne, après capture d'un neutron, l'isotope fissile ^{233}U.

32 – Électronvolt, 33 – Produit de fission

L'énergie dégagée lors de la fission provient du défaut de masse entre le système initial (un noyau et un neutron) et le système final (deux ***fragments de fission*** et deux ou trois neutrons). L'essentiel de cette énergie apparaît sous forme d'énergie cinétique communiquée aux deux fragments. Cette énergie est convertie en chaleur quand les fragments sont brutalement ralentis dans le milieu fissile. Le reste est emporté par les neutrons et un intense rayonnement X et γ.

À l'échelle atomique, on exprime les énergies en **électronvolt,** eV. Comme la charge électrique de l'électron vaut $1{,}6 . 10^{-19}$ coulombs,

$$1 \text{ eV} = 1{,}6 . 10^{-19} \text{ J}.$$

Toutes les réactions chimiques mettent en œuvre une énergie qui se chiffre de 1 à quelques électronvolts par atome impliqué. La fission d'un noyau d'uranium dégage une énergie de 200 millions d'électronvolts (200 ***MeV***) : on change complètement d'échelle. *La fission complète de 1 g d'uranium dégage plus d'énergie que la combustion complète d'une tonne de pétrole.* L'énergie nucléaire de fission est très concentrée, avec les avantages et inconvénients que cela entraîne.

Devant l'énormité de l'énergie libérée, on conçoit que les deux fragments de fission ne seront pas à l'équilibre : de fait, ils sont pratiquement toujours radioactifs et se désintègrent en toute une série de

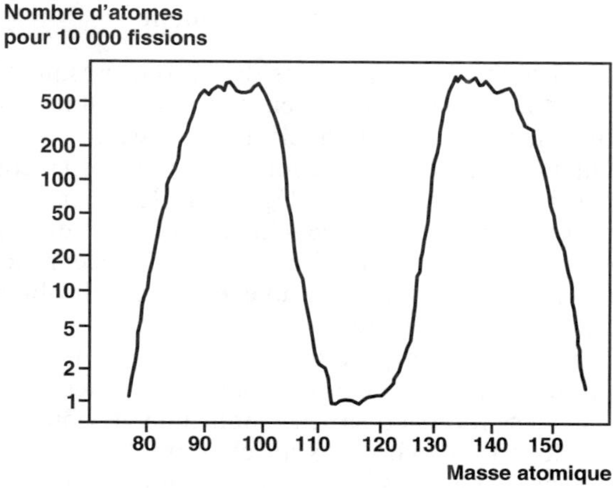

Fig. 5. – Distribution en masse des PF

descendants jusqu'à ce que la chaîne de désintégrations successives aboutisse à un noyau stable.

C'est l'ensemble des fragments de fissions et de leurs descendants que l'on désigne sous le nom de **produits de fission,** souvent notés *PF*. Les produits de fission couvrent un éventail extrêmement large d'éléments. Leur répartition par masse atomique affecte une forme caractéristique en « dos de chameau » avec une bosse correspondant aux fragments légers (dont la masse est voisine de 95) et l'autre aux fragments « lourds » dont la masse est proche de 140. On remarquera que la probabilité de fission en deux fragments presque égaux est très faible.

34 – Puissance résiduelle

L'existence de ces produits de fission, presque tous radioactifs, a deux conséquences fondamentales pour l'utilisation de l'énergie nucléaire de fission :

Quand on arrête la réaction en chaîne, les PF continuent de se désintégrer en dégageant de l'énergie, que l'on appelle **puissance résiduelle,** ce qui exige de continuer à refroidir le cœur d'un réacteur plusieurs jours après l'avoir arrêté. C'est une exigence absolument spécifique du nucléaire.

Par ailleurs, ces produits de fission qui n'ont pas aujourd'hui d'usage envisagé constituent de ce fait des déchets très radioactifs, nécessitant une gestion rigoureuse dont nous parlerons au chapitre XII.

Les neutrons émis lors de la fission ont une vitesse de l'ordre de 20 000 km/s, ce qui explique qu'on les appelle ***neutrons rapides***. Quand, après avoir perdu de l'énergie au cours de nombreux chocs avec les noyaux d'un modérateur, ils sont en équilibre thermique avec celui-ci, leur vitesse est alors voisine de 2 km/s : on parle alors de ***neutrons lents*** ou ***neutrons thermiques***.

Chapitre V

COMMENT FONCTIONNE UNE CENTRALE NUCLÉAIRE

35 – Centrale

Nous garderons la désignation populaire de **centrale** pour désigner une unité de production d'électricité, bien que l'électricien parle plutôt de ***tranche*** et exploite souvent plusieurs tranches sur un ***centre de production.*** Il y a des centrales hydrauliques, des centrales thermiques « classiques » dont l'énergie provient de la combustion de charbon, de gaz ou, plus rarement de nos jours, de fioul lourd, et des centrales nucléaires, que nous allons décrire. Les centrales à charbon ou à fioul utilisent des chaudières, tandis que les centrales au gaz utilisent des turbines à gaz extrapolées des turboréacteurs de l'aviation, complétées par une chaudière dans le cas des turbines « à cycle combiné ».

36 – Turboalternateur

À l'exception des turbines à gaz simples, les centrales thermiques transforment, dans leur chaudière, de l'eau liquide en vapeur sous haute pression. Cette vapeur se détend dans une ***turbine*** dont elle met les aubes en rotation, puis revient à l'état liquide dans un ***condenseur*** dont les tubes sont parcourus par de l'eau de refroidissement, avant d'être renvoyée dans la chaudière pour un nouveau cycle eau-vapeur. L'axe de la turbine (souvent constituée de plusieurs « corps ») est solidaire de celui d'un ***alternateur*** dont la rotation produit le courant électrique. On désigne l'ensemble des corps de turbine et de l'alternateur sous le nom groupe **turboalternateur.** L'électricité produite est transformée dans une sous-station électrique avant d'être envoyée sur le réseau de transport à haute tension.

Le bâtiment qui abrite le groupe turboalternateur et le condenseur est appelé installation de production d'électricité, ***IPE,*** parfois îlot conventionnel ou, plus familièrement, ***salle des machines.***

37 – Aéroréfrigérant

L'eau qui circule dans les tubes du condenseur est soit directement pompée en circuit ouvert dans un fleuve ou dans la mer, soit refroidie à son tour par évaporation d'eau de rivière dans un **aéroréfrigérant,** cette ***tour de refroidissement*** qui ressemble à un gros diabolo, dont le public associe souvent le panache blanc à l'énergie nucléaire, alors qu'elle peut équiper n'importe quelle centrale thermique.

Le panache en question est un nuage formé par la condensation de la vapeur d'eau qui sort de la tour.

Fleuve, mer ou tour de refroidissement constituent la source froide indispensable au fonctionnement de toute machine thermique, la chaudière en constituant la source chaude.

38 – Îlot nucléaire

Une centrale nucléaire est une centrale thermique comme celle que nous venons de décrire. Sa particularité vient de l'origine de l'énergie qui alimente le cycle eau-vapeur : celle-ci provient d'une réaction en chaîne de fission entretenue dans le cœur d'un réacteur nucléaire (défini p. 37). Les bâtiments qui abritent le réacteur – qui sera décrit au chapitre suivant – et les divers systèmes nécessaires à son bon fonctionnement constituent l'**îlot nucléaire.**

Chapitre VI

LE RÉACTEUR NUCLÉAIRE

Un réacteur nucléaire est une machine au sein de laquelle une réaction en chaîne de fission est entretenue et contrôlée. Il y a différents types de réacteurs en fonction des services que l'on en attend : production de neutrons pour l'investigation des structures de la matière ou l'imagerie neutronique, dopage en masse du silicium pour la microélectronique, production de radioéléments pour la médecine, l'industrie et l'agronomie, propulsion de sous-marins, etc. Ici, nous nous limitons aux réacteurs ***électronucléaires*** dont la finalité est de produire de l'électricité dans une centrale nucléaire.

39 – Combustible nucléaire
40 – Pastille

Par analogie avec les autres centrales thermiques, et bien que la combustion n'y joue aucun rôle, on appelle **combustible nucléaire** le matériau fissile qui dégage la chaleur recherchée. Il faut donc qu'il contienne des noyaux fissiles d'uranium ou de plutonium. Nous verrons au chapitre suivant que ce matériau peut être élaboré sous plusieurs formes physico-chimiques, mais le combustible le plus utilisé est une céramique frittée à partir d'oxydes en poudre et formée en **pastille** cylindrique.

41 – Assemblage, 42 – Caloporteur

Le combustible est contenu dans des **assemblages** combustibles (on dit aussi ***élément combustible***) dont la fonction est double :

- transférer efficacement la chaleur dégagée par les réactions nucléaires au fluide **caloporteur** (gaz ou liquide) qui transmettra celle-ci à l'installation de production d'électricité et maintiendra le combustible à la température souhaitée ;
- maintenir confinés les divers éléments radioactifs produits dans le combustible.

La conception d'un assemblage est spécifique d'un modèle donné de réacteur, ce qui peut conduire à des formes et des dimensions très variées, comme nous le verrons au chapitre VII.

43 – Crayon, 44 – Gaine, 45 – Cœur

Un assemblage typique est constitué d'un faisceau de tubes métalliques étanches dans lesquels sont empilées des pastilles de combustible. On appelle ces tubes **crayons** ou, parfois, ***aiguilles***, et leur enveloppe métallique est la **gaine.**

Très généralement, l'ensemble du combustible d'un réacteur est contenu dans plusieurs assemblages, qui constituent le **cœur** du réacteur. Le nombre d'assemblages d'un cœur varie beaucoup en fonction du type de réacteur considéré et, bien sûr, de sa puissance.

46 – Criticité

Pour entretenir une réaction en chaîne, il faut qu'à chaque instant le nombre de neutrons produits dans le cœur par les fissions soit exactement égal au nombre de neutrons qui disparaissent dans le cœur ou s'en échappent. Le rapport de la production à la disparition est appelé ***coefficient de multiplication,*** noté K, et il doit donc être rigoureusement égal à 1. Cet état est appelé **criticité,** et le réacteur est ***critique*** (ce qui, pour un réacteur nucléaire, n'a aucun caractère péjoratif... au contraire).

Si ce nombre K est inférieur à 1, les neutrons disparaissent rapidement, la réaction en chaîne s'arrête et donc le réacteur aussi : on dit que le cœur est ***sous-critique.*** À l'inverse, si K est supérieur à 1, le nombre de neutrons va augmenter très rapidement (et donc les fissions aussi, ainsi que l'énergie dégagée dans le cœur) et la réaction en chaîne va « s'emballer ». On dit alors que le cœur est ***sur-critique.***

47 – Poison, 48 – Barre de contrôle

Pour conserver en permanence le réacteur critique (K = 1), on introduit (ou on retire), selon les besoins, des **poisons** ou ***absorbants*** neutroniques, éléments composés de noyaux qui absorbent des neutrons. On utilise généralement trois types d'absorbants :

- des **barres** mobiles, appelées barres ou ***grappes*** de contrôle, que l'on fait pénétrer plus ou moins dans le cœur ;
- des corps dissous dans le caloporteur et dont on peut faire varier la concentration au cours du temps. On parle d'empoisonnement homogène ;
- des corps dispersés dans le combustible lui-même et qui disparaissent progressivement. On les appelle ***poisons consommables.***

49 – Neutron retardé

L'intervalle de temps qui sépare deux fissions successives lors d'une réaction en chaîne est excessivement court (même les neutrons les plus lents voyagent encore à 2 km/s !) : il n'y a aucun procédé qui permette d'ajuster la quantité de poison dans le cœur sur cette durée. Heureusement, c'est ici qu'interviennent quelques noyaux spéciaux que nous avons brièvement introduits p. 21. Parmi les produits de fission, il en est qui ont un neutron en trop, mais qui, au lieu de s'en débarrasser en le transformant en proton par désintégration bêta, l'éjectent purement et simplement, après un délai qui peut se mesurer en minutes. Ce sont ces neutrons **retardés** (par opposition aux neutrons ***prompts*** émis lors même de la fission) qui donnent le temps nécessaire pour ajuster les poisons, monter ou descendre les barres de contrôle, par exemple, et permettent de contrôler la puissance du réacteur. Sans neutron retardé, pas de réacteur nucléaire.

Le nombre total de neutrons, prompts et retardés, émis par une fission est noté ν, la lettre grecque « nu ». La proportion de neutrons retardés dans ce total est notée β_{eff} (bêta effectif). Le tableau 2 donne les valeurs de ν et β_{eff} pour les noyaux fissiles courants :

Tableau 2

Isotope	ν	*βeff (%)*
233U	2,5	0,28
235U	2,4	0,64
239Pu	2,9	0,21
241Pu	2,9	0,21

On voit que la fission d'un noyau de plutonium donne plus de neutrons que celle d'un noyau d'uranium. En revanche, la proportion de neutrons retardés est moindre dans la fission du plutonium, ce qui veut dire qu'un cœur au plutonium est plus « nerveux ».

50 – Taux de combustion

Tout le temps où un assemblage combustible produit de l'énergie dans le cœur d'un réacteur, il subit une ***évolution*** (terme qui s'applique aussi à l'ensemble du cœur) :

Le nombre de noyaux fissiles diminue par fission et capture, mais cette diminution est partiellement compensée par la production de nouveaux noyaux fissiles suite aux captures dans les noyaux fertiles.

Le nombre de produits de fission augmente, ce qui change progressivement la composition chimique du combustible. Certains de ces produits sont aussi des poisons neutroniques, parfois très absorbants.

Certains produits de fission sont des gaz dont le relâchement augmente la pression à l'intérieur de la gaine étanche, alors même que celle-ci est soumise à des agressions (irradiation, oxydation, hydruration, par exemple) qui altèrent ses propriétés mécaniques.

Le résultat net des deux premiers effets est de diminuer progressivement la ***réactivité*** de l'assemblage, sa capacité à continuer à produire de l'énergie. Son degré d'***épuisement*** est mesuré par un **taux de combustion** qui s'exprime dans une unité bizarre, le ***MWj/t,*** quantité d'énergie produite en mégawatt/jour par tonne de métaux lourds, uranium et plutonium, contenus dans le combustible frais.

51 – Combustible usé
52 – Chargement/déchargement

Quand l'assemblage a atteint un épuisement tel qu'il ne peut plus produire d'énergie dans le cœur, on dit que le combustible est **usé.** Nous verrons qu'un combustible usé contient encore beaucoup de matière recyclable, mais, si on ne cherche pas à les récupérer, il constitue un déchet. Périodiquement, on retire du cœur les assemblages usés pour les remplacer par des assemblages neufs. Cette opération de **chargement/dé-**

chargement ne concerne en général qu'une fraction du cœur. Suivant le type de réacteur, elle se pratique à l'arrêt ou en marche (on renouvelle alors les éléments combustibles un par un). Entre deux opérations de chargement, la campagne de production est parfois appelée cycle de production.

Tout au long d'un cycle de production, pour tenir compte de l'évolution du combustible et donc du cœur, il faut ajuster la quantité de poisons dans celui-ci : un cœur frais doit comporter une grande quantité de poisons, que l'on retire progressivement (ou qui sont consommés par capture de neutrons) pour compenser l'épuisement du combustible.

53 – Pic xénon

Parmi les produits de fission très absorbants, il en est un qui mérite une attention particulière : le xénon 135, ^{135}Xe, qui n'est pratiquement pas un fragment de fission mais qui « descend » de l'iode 135, ^{135}I par désintégration bêta. ^{135}I a une période de 6,7 heures, et ^{135}Xe se désintègre en ^{135}Cs avec une période de 9,2 heures.

Le xénon 135 a la plus grande section efficace connue dans le domaine des neutrons thermiques : 3 millions de barns. Du fait, de sa section efficace importante, le ^{135}Xe absorbe des neutrons par capture, d'où l'expression ***empoisonnement xénon***. Cet empoisonnement joue un grand rôle dans la conduite d'un réacteur.

Au démarrage, la concentration en ^{135}Xe est nulle, mais elle augmente progressivement (à puissance constante) jusqu'à atteindre une valeur d'équilibre au bout d'un jour ou deux.

À l'arrêt du réacteur, la production d'iode 135 s'arrête aussi, ainsi que la consommation du ^{135}Xe par capture neutronique. Le réservoir d'iode 135 se transforme alors encore en ^{135}Xe. La période du ^{135}Xe étant supérieure à celle de son père, il s'élimine nettement moins vite qu'il n'est formé et sa concentration augmente dans le combustible. Quand ^{135}I a disparu, ^{135}Xe décroît à son tour par radioactivité. La concentration de xénon passe ainsi par un maximum (au bout d'une dizaine d'heures), le **pic xénon,** puis tend vers 0. Quand on se contente de baisser la puissance du réacteur, apparaît aussi quelque dix heures plus tard un pic, plus atténué, mais qui peut suffire à étouffer la réaction en chaîne, tant ^{135}Xe est boulimique de neutrons.

La concentration en xénon suit donc une dynamique paradoxale : une réduction de la puissance du réacteur entraîne (à l'échelle de l'heure) une augmentation transitoire du xénon, qui ne se réduit que dans un deuxième temps (à l'échelle de la journée). Nous en reparlerons avec l'accident de Tchernobyl.

Chapitre VII

FILIÈRES DE RÉACTEURS

54 – Filière
55 – Réacteurs à eau sous pression

Au début de l'énergie nucléaire, dans les années 1950 et 1960, on a essayé presque toutes les combinaisons possibles de matériaux fissiles et fertiles, de modérateurs et de caloporteurs liquides ou gazeux, sous presque toutes les formes physico-chimiques et dans presque toutes les géométries imaginables. De ce bouillonnement créateur et désordonné sont sortis de très nombreux prototypes différents dont la taille allait rapidement croissant.

Dans les années 1970 ont alors émergé une poignée de **filières** de réacteurs partageant des caractéristiques technologiques communes et souvent dénommées en fonction de leur caloporteur. Au sein de ces filières, on est passé du stade de prototypes à celui de séries standardisées qu'en France on appelle ***paliers***.

En 2008, le parc mondial de réacteurs électronucléaires est réparti en six filières d'importance très inégale.

Les **réacteurs à eau** (ordinaire) **sous pression** regroupent les deux tiers de la puissance installée dans le monde, 243 GWe sur 372. Ils se répartissent en deux sous-filières selon l'origine de leur conception : les réacteurs occidentaux sont des ***REP*** (en anglais, ***PWR***) et les réacteurs d'origine soviétique ou russe sont des ***VVR***. Utilisant l'eau ordinaire à la fois comme caloporteur et modérateur, ces réacteurs à cycle indirect feront l'objet du chapitre 8.

56 – Réacteurs à eau bouillante

Viennent ensuite les réacteurs à eau (ordinaire) bouillante, ***REB*** (en anglais, ***BWR***), qui totalisent 85 GWe à travers le monde. L'eau ordinaire qui modère et refroidit leur cœur est maintenue sous une pression voisine de 7 MPa, 70 fois la pression atmosphérique. Elle bout en traversant le cœur jusqu'à atteindre un titre en vapeur de l'ordre du tiers. Cette vapeur, débarrassée des gouttelettes liquides, est envoyée directement se détendre dans la turbine en salle des machines.

Ces REB, bien qu'à cycle direct, sont de proches cousins de la filière précédente dont ils partagent les éléments essentiels, notamment en termes de sûreté : leur combustible est voisin, à base d'oxyde d'uranium légèrement enrichi, et ils utilisent de l'eau ordinaire à la fois comme modérateur et comme caloporteur.

57 – Réacteurs à eau lourde

On appelle ***eau lourde*** de l'eau dont les molécules sont formées, comme celles de l'eau ordinaire, de deux atomes d'hydrogène et d'un atome d'oxygène, mais presque tous les atomes d'hydrogène ont un noyau qui comporte un neutron en plus du proton habituel. On dénomme ***deutérium,*** noté D, cet isotope lourd de l'hydrogène, et l'eau lourde a pour formule chimique D_2O. Introduisons au passage un isotope encore plus lourd de l'hydrogène, le ***tritium,*** T, dont le noyau est composé de deux neutrons et d'un proton. Nous en reparlerons au chapitre XIV consacré à la fusion. Le deutérium est le meilleur matériau modérateur car il ralentit les neutrons presque aussi bien que l'hydrogène, mais sans les capturer au passage. Mais il ne se trouve naturellement qu'en faible proportion dans l'eau (0,015 %) et sa concentration est coûteuse en énergie.

Les **réacteurs à eau lourde** utilisent celle-ci comme modérateur et, dans la plupart des cas, comme caloporteur également. Du fait de l'excellent pouvoir modérateur de l'eau lourde, ces réacteurs peuvent utiliser comme combustible de l'uranium naturel. Développée principalement par les Canadiens (et les Indiens), cette filière est désignée par l'acronyme ***CANDU.*** Les CANDU totalisent 22 GWe.

58 – Réacteurs à graphite et eau bouillante

Développée par les Soviétiques pour produire à la fois de l'électricité et du plutonium pour les armes atomiques, les ***RBMK,*** **réacteurs à graphite et eau bouillante,** sont restés confinés à l'URSS pour cette raison (alors que les VVR étaient largement exportés dans les pays satellites. Il en reste 11 en Russie et 1 en Lituanie, pour une puissance totale de 11 GWe (sans compter 4 tout petits réacteurs électro-calogènes en Sibérie). Presque inconnue à l'Ouest, la filière RBMK a acquis une fâcheuse notoriété en 1986 avec l'accident de la tranche 4 de Tchernobyl. Le combustible en oxyde d'uranium légèrement enrichi est refroidi par de l'eau bouillante qui circule dans des tubes de force traversant verticalement un énorme massif de graphite qui joue le rôle de modérateur.

59 – Réacteurs graphite-gaz

En France et au Royaume-Uni, les premiers réacteurs, alimentés en uranium naturel métallique, étaient modérés par un empilement de graphite et refroidis par du gaz carbonique sous pression. Ces réacteurs gaz-graphite, directement dérivés du premier réacteur démarré par Enrico Fermi le 2 décembre 1942, s'appelaient ***UNGG*** (pour : uranium naturel gaz et graphite) en France, et, au Royaume-Uni, ***Magnox***, nom de l'alliage qui gainait l'uranium. Plus tard, les Anglais ont augmenté les performances de la filière Magnox en enrichissant légèrement l'uranium de leur combustible, désormais gainé d'acier inoxydable dans une filière dénommée ***AGR***. Tous les UNGG sont arrêtés, tandis qu'AGR et derniers Magnox comptaient encore pour 9 GWe en 2008.

60 – Réacteurs à neutrons rapides

Les cinq filières que nous venons de décrire rapidement utilisent toutes un modérateur, pour fonctionner avec des neutrons thermiques.

Dans les réacteurs à neutrons rapides, ***RNR***, au contraire, on évite de ralentir les neutrons entre la fission qui leur donne naissance et celle qu'ils vont provoquer. Le cœur de ces réacteurs est donc dépourvu de modérateur, ce qui exclut, notamment, de les refroidir avec de l'eau liquide, ordinaire ou lourde. Bien que plusieurs autres caloporteurs aient été essayés ou envisagés, c'est dans la plupart des cas le sodium fondu qui a été choisi comme caloporteur pour les RNR.

Le choix de ce métal qui s'enflamme spontanément à l'air et réagit violemment avec l'eau a imposé le choix d'un cycle indirect, pour éviter toute possibilité de réaction entre le sodium *primaire* activé au contact du cœur et l'eau du circuit de production d'électricité. Ce choix oblige aussi à réaliser les circuits en acier inoxydable coûteux.

En revanche, le sodium liquide est un excellent caloporteur, fonctionnant très loin de son point d'ébullition à la pression atmosphérique, avec des caractéristiques hydrauliques voisines de celle de l'eau : les circuits en sodium ne sont donc pas sous forte pression comme les circuits des REP ou REB.

Le combustible des RNR est un mélange d'uranium et de plutonium, le plus souvent sous forme d'oxyde, avec une teneur en plutonium de l'ordre de 18 %.

61 – Surgénération

Les propriétés d'interaction du plutonium avec les neutrons rapides confèrent aux RNR leur atout principal : la **surgénération.** En effet, en arrangeant judicieusement le cœur de ces réacteurs surgénérateurs, on peut convertir à tout instant plus de noyaux de ^{238}U en plutonium que l'on ne fait disparaître de noyaux de plutonium par fission et capture. On peut, en quelque sorte, considérer que le plutonium est l'équivalent d'un catalyseur, qui permet la consommation de l'uranium 238, tout en étant régénéré (et même au-delà) dans la réaction. Bien que précédé par d'autres RNR, c'est le réacteur français Phénix, dont la carrière devrait s'achever en 2009, qui a, le premier, apporté la démonstration de la surgénération en recyclant plusieurs fois son propre plutonium. Après l'arrêt, exigé et obtenu en 1997 par le parti des Verts lorsqu'il était au pouvoir, du gros surgénérateur européen Superphénix, les RNR ne représentent plus qu'une puissance inférieure au GWe, mais ils sont l'avenir de la fission. En effet, c'est la surgénération qui permet d'exploiter les réserves d'énergie de l'uranium 238, qui est 140 fois plus abondant dans la nature que l'uranium 235. Ces réacteurs font l'objet d'un fort renouveau d'intérêt international dans le cadre « génération IV » décrit ci-après.

62 – Générations I, II, III et IV

Depuis 1999, on a pris l'habitude de décrire l'évolution des filières de réacteurs nucléaires en termes de **génération I, II, III ou IV.**

Par « première génération », on désigne le foisonnement initial de prototypes des années 1950-1960, aujourd'hui pratiquement tous arrêtés définitivement.

La génération II regroupe les filières de réacteurs actuellement en fonctionnement, qui fournissent 15 % de l'électricité mondiale. Ces réacteurs sont robustes, compétitifs, et le risque d'un accident grave y est très réduit (il n'y a pas eu d'accident de réacteur nucléaire depuis celui de Tchernobyl, en 1986).

C'est cet accident qui est à l'origine de la génération III que l'on commence à construire : on exige en effet de ces réacteurs (presque exclusivement REP et REB) que, s'il y survient l'accident majeur de fusion totale du cœur, la radioactivité reste confinée à l'intérieur du site, c'est-à-dire, en fait, à l'intérieur du bâtiment réacteur.

Enfin, alors qu'on arrête la génération I, qu'on exploite la génération II et que l'on construit la génération III, le « tuilage » continue, et l'on prépare la génération IV dans l'objectif qu'elle puisse être commercialisée vers 2050.

On attend de la génération IV qu'elle réponde aux exigences d'un contexte qui sera différent. On en attend une meilleure utilisation des matières fissiles, une gestion plus efficace des déchets radioactifs à vie longue, une meilleure résistance à la prolifération (voir chap. XIII), une sûreté au moins aussi poussée que celle de la génération III, et la capacité de s'ouvrir à d'autres applications que la seule fourniture d'électricité : dessalement de l'eau de mer, production de chaleur de procédé, production d'hydrogène pour fabriquer ou améliorer des carburants de synthèse, etc.

Le Forum international génération IV, ***GIF,*** a esquissé les portraits-robots de six réacteurs « souhaitables » *afin de guider la R&D* qui permettra à certains d'entre eux d'être mûrs pour l'industrialisation à l'échéance considérée. La moitié de ces six « cibles » sont des RNR. Nous allons évoquer les trois autres.

63 – Réacteurs à haute température

Les réacteurs à haute température, et leur version future dénommée ***VHTR,*** sont des réacteurs modérés au graphite et refroidis au gaz hélium sous pression. Leur originalité vient de leur combustible : celui-ci est constitué de microbilles enrobées de plusieurs couches comme l'amande d'une dragée est enrobée de couches de sucre. L'une des couches, en carbure de silicium, est étanche aux produits de fission et joue le rôle de la gaine d'un élément combustible, les autres sont constituées de carbone plus ou moins dense. Ces ***particules enrobées,*** d'un diamètre total voisin du millimètre, sont noyées dans du graphite pour former des sphères de la taille d'une boule de billard (concept à boulets ou ***PBMR***) ou des blocs prismatiques traversés de canaux et que l'on assemble comme un jeu de construction (concept à prismes ou ***GT-MHR***). Formé d'un assemblage de prismes ou d'un tas de boulets, le cœur d'un réacteur à haute température est réfractaire et ne peut pratiquement pas fondre. Il permet de chauffer de l'hélium à 1000 °C en gardant le centre du combustible plus froid que celui d'un REP dont l'eau est à 320 °C.

Quelques prototypes ont fonctionné dans le passé, démontrant la faisabilité et l'intérêt de ces cœurs, mais pas la compétitivité du réacteur pour la production d'électricité seule. Dans la génération IV, le VHTR vise la cogénération d'électricité et de chaleur de procédé. Le VHTR est un réacteur à neutrons thermiques dont l'utilisation de la matière fissile reste médiocre : il devra cohabiter avec des RNR.

Les deux derniers « portraits-robots » sont le ***réacteur à eau supercritique*** et le ***réacteur à sels fondus RSF***.

Le premier est une extrapolation du REP où l'on augmente la pression jusqu'à 25 MPa, où l'eau devient un fluide supercritique, ni liquide ni gaz. Ce fluide a des propriétés attrayantes, mais la pression à l'intérieur des circuits est considérable.

Le second utilise des sels fissiles fondus (fluorures d'uranium, thorium, béryllium et lithium) à la fois comme combustible et comme caloporteur. Ils peuvent fonctionner en neutrons thermiques ou en neutrons rapides et se prêtent particulièrement bien à l'utilisation du thorium. Ce type de réacteur ne nécessite pas de fabrication du combustible (liquide), mais il faut lui associer une usine chimique d'épuration en ligne. Seul un très petit prototype a fonctionné à la fin des années 1960 : tout reste à développer.

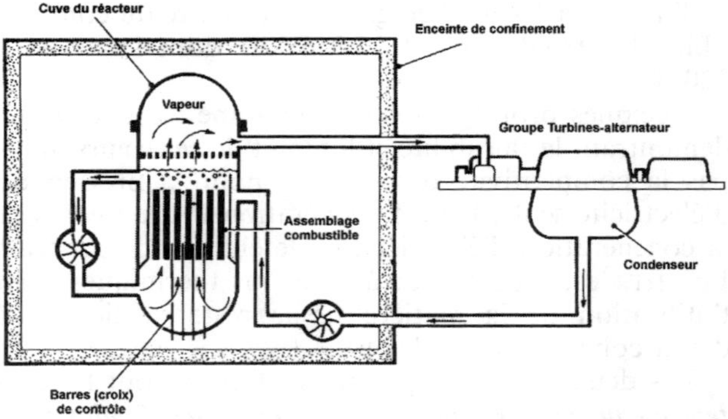

Fig. 6. – Schéma d'un REB

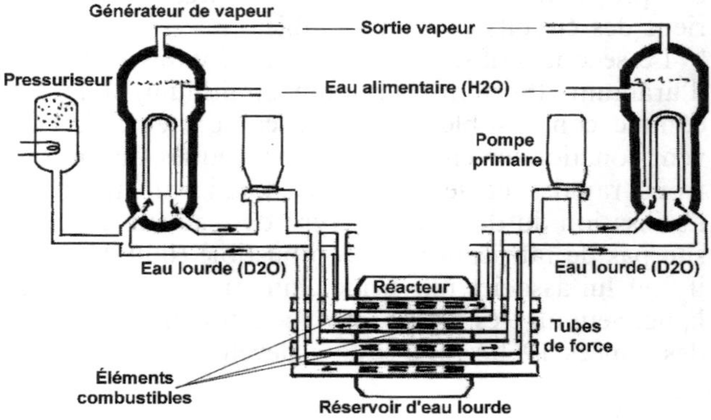

Fig. 7. – Schéma d'un CANDU

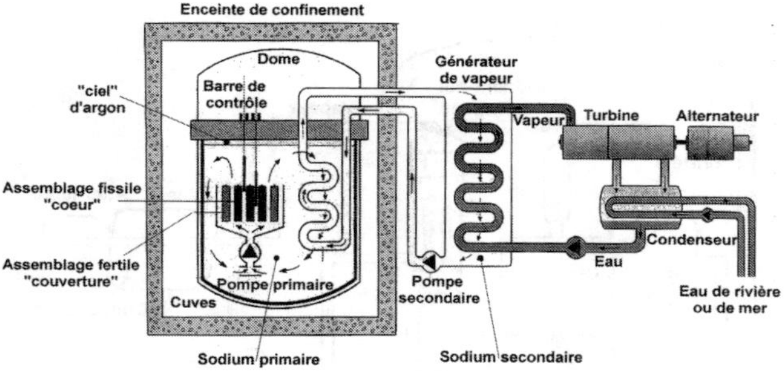

Fig. 8. – Schéma d'un RNR

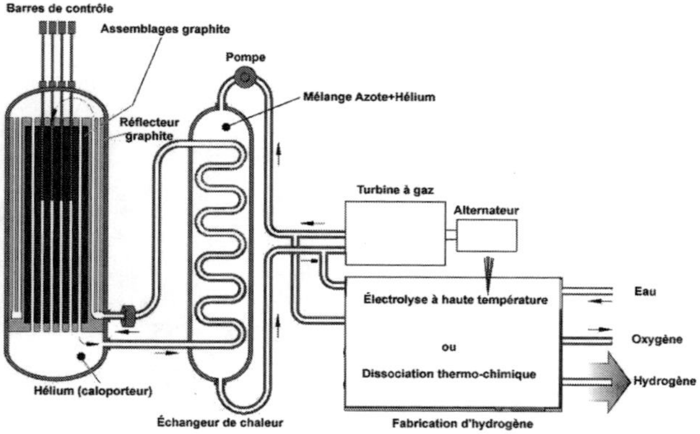

Fig. 9. – Schéma d'un VHTR

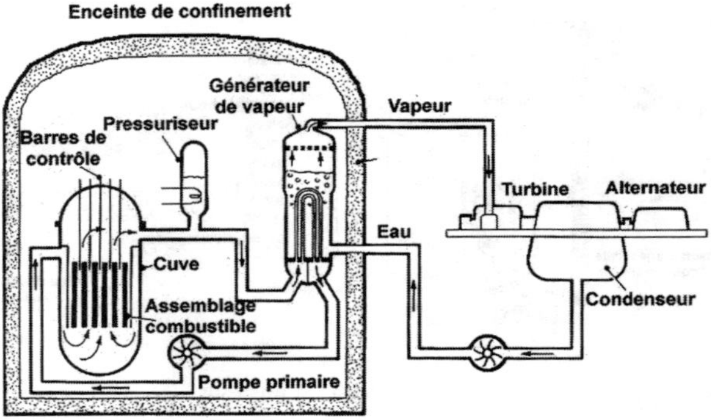

Fig. 10. – Schéma d'un REP

Chapitre VIII

LE RÉACTEUR À EAU SOUS PRESSION REP

Comme nous l'avons vu, le REP est de très loin le réacteur le plus répandu dans le monde. Les 58 réacteurs qu'EDF exploite en France sont tous de type REP.

Au départ, ce type de réacteur avait été conçu pour assurer la propulsion des sous-marins de la flotte américaine car leur grande compacité permettait de les loger à l'intérieur de la coque, où l'espace est strictement limité. La turbine n'était pas alors couplée à un alternateur, mais elle entraînait l'arbre de l'hélice *via* un réducteur. Ce n'est qu'en un second temps que cette chaudière de sous-marin a été extrapolée en centrale électrogène : le premier REP a été mis en service à Shippingport (Pennsylvanie) en 1957.

En France, un premier REP franco-belge de 300 MWe a fonctionné de 1967 à 1991 sur le site de Chooz, mais c'est à partir de Fessenheim 1, réacteur de 900 MWe mis en service en 1977, qu'a débuté le programme REP de « génération 2 ».

64 – Circuit primaire

Le REP est un réacteur à cycle indirect. Le cœur échauffe l'eau ordinaire, maintenue à l'état liquide sous haute pression (15 MPa) dans un circuit primaire en acier épais. C'est cette même eau dont les noyaux d'hydrogène assurent la modération des neutrons. L'eau circule verticalement et de bas en haut dans le cœur. À puissance nominale, l'eau entre à 290 °C et ressort à 315 °C.

65 – Cuve
66 – Couvercle de cuve

Le circuit primaire comprend une **cuve** cylindrique à fond sphérique qui contient le cœur et un certain nombre d'équipements internes. Cette cuve est fermée par un **couvercle** sur lequel sont montés les mécanismes qui assurent la montée et la descente des grappes de contrôle.

La cuve et le couvercle sont en acier épais revêtu intérieurement d'une couche d'acier inoxydable. La cuve est assemblée par soudage de viroles cylindriques forgées. La virole supérieure comporte des ***tubulures*** d'entrée et de sortie de l'eau primaire.

À ces tubulures sont raccordées un certain nombre (de 2 à 4) de ***boucles primaires.*** La cuve repose par ses tubulures sur le bord d'un puits de cuve cylindrique en béton.

67 – Pompe primaire, 68 – Générateur de vapeur, 69 – Pressuriseur

Chaque boucle est équipée d'une **pompe primaire** qui assure la circulation de l'eau primaire, d'un **générateur de vapeur,** et des tuyauteries reliant ces composants respectivement à une tubulure d'entrée et une tubulure de sortie de la cuve. La pompe primaire, actionnée par un moteur de plusieurs mégawatts électriques de puissance, est équipée d'un lourd volant d'inertie.

Le générateur de vapeur est un récipient quasi cylindrique de grande hauteur en acier épais, disposé verticalement sur des supports. Sa partie inférieure est constituée par une boîte à eau hémisphérique, divisée en deux compartiments par une paroi verticale et surmontée d'une plaque très épaisse percée de trous verticaux, la ***plaque tubulaire.***

Cette plaque est traversée par un ***faisceau tubulaire*** composé de plusieurs milliers de tubes en U reliant les deux compartiments de la boîte à eau. Ce faisceau est baigné par l'eau du circuit secondaire (voir ci-dessous) à l'intérieur de l'enveloppe du générateur de vapeur.

À la sortie du cœur, l'eau d'une boucle primaire entre dans le compartiment chaud de la boîte à eau d'un générateur de vapeur et circule, à travers une plaque tubulaire, dans le faisceau tubulaire, d'où elle ressort dans le compartiment « froid » de la boîte à eau pour être pompée vers la cuve en retour.

À travers la surface d'échange des tubes du faisceau, l'eau primaire cède ses calories à l'eau secondaire, qu'elle porte à ébullition sous une pression de

7 MPa. À la sortie du faisceau, le titre en vapeur est de l'ordre de 30 %.

À la branche chaude de l'une des boucles du circuit primaire est relié un **pressuriseur,** gros réservoir d'acier

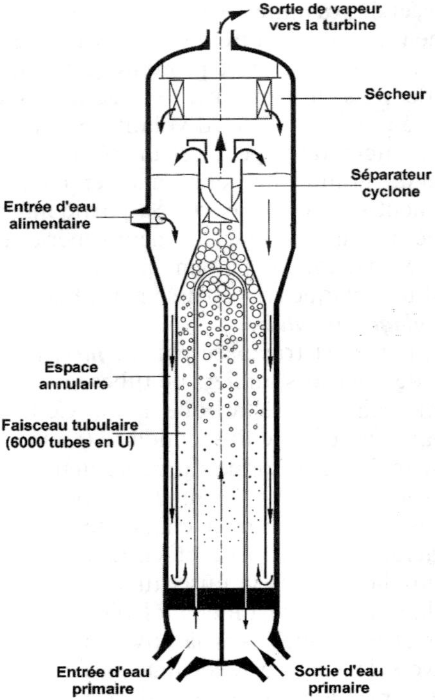

Fig. 11. – Schéma d'un générateur de vapeur

dans lequel une bulle de vapeur maintient la pression primaire au niveau désiré. Des cannes chauffantes électriques permettent de faire monter la pression, et un système d'aspersion, analogue à une douche, de la faire baisser.

L'ensemble du circuit primaire est étanche et fermé sur lui-même.

70 – Circuit secondaire

Le générateur de vapeur est le point commun entre le circuit primaire et le **circuit secondaire.**

La vapeur qui se dégage au-dessus du faisceau tubulaire est débarrassée de ses gouttelettes d'eau en passant à travers des ***séparateurs*** et des ***sécheurs*** avant de quitter le sommet du générateur de vapeur par une tuyauterie vapeur qui la conduit en salle des machines à l'entrée du corps de turbine à haute pression.

L'eau secondaire qui reste en phase liquide est recirculée dans un espace annulaire ménagé contre l'enveloppe externe du générateur.

Après s'être détendue dans les corps de turbine et condensée dans le condenseur, l'eau secondaire est renvoyée par des ***pompes secondaires*** alimenter les générateurs de vapeur. Il y a ainsi autant de ***boucles secondaires*** que de boucles primaires, et le circuit secondaire est, lui aussi, étanche et fermé sur lui-même.

Outre les circuits primaire et secondaire, et le ou les circuits de refroidissement décrits au chapitre V, l'îlot nucléaire d'un REP comporte d'autres circuits auxiliaires.

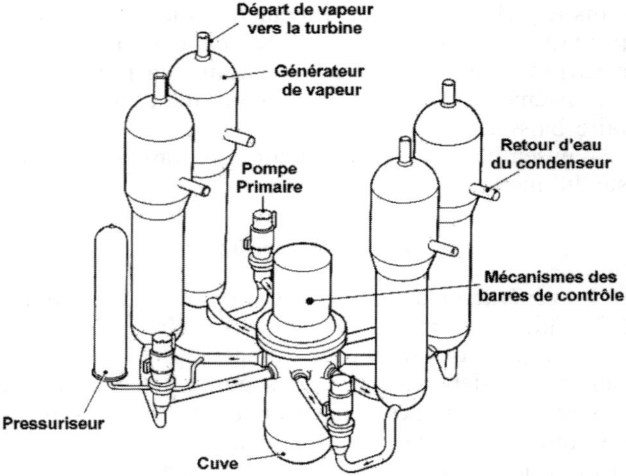

Fig. 12. – Schéma des circuits primaire et secondaire

71 – Contrôle volumétrique et chimique

Même si c'est peu perceptible dans la vie courante, l'eau liquide se dilate avec la température : en passant de 20 à 300 °C, son volume augmente de 30 %. Il est donc nécessaire d'ajuster en conséquence la quantité d'eau dans le circuit primaire, et c'est le premier rôle du **circuit auxiliaire de contrôle volumétrique et chimique.** Ce circuit est aussi utilisé pour ajuster la concentration dans l'eau primaire d'acide borique, que l'on ajoute comme ***poison soluble*** au début d'un cycle pour compenser l'excès de réactivité d'un cœur frais et que l'on dilue progressivement au fur et à mesure que cet excès se réduit par épuisement du combustible.

Ce poison soluble présente l'avantage d'assurer un empoisonnement homogène de tout le cœur, sans donc créer d'hétérogénéité d'empoisonnement susceptible d'entraîner des pics locaux de puissance. En revanche, la dilution de l'acide borique crée des effluents radioactifs qu'il faut gérer correctement.

D'autres circuits auxiliaires jouent un rôle important dans les dispositifs de sûreté : nous les décrirons au chapitre X.

L'***EPR*** est l'archétype des REP de génération III. Il résulte du meilleur mariage possible des technologies REP française et allemande de génération II, dont il s'écarte suffisamment peu pour qu'il puisse tirer pleinement parti d'un retour d'expérience inégalable : c'est un concept dit ***évolutionnaire***. Mais il remplit aussi la condition supplémentaire post-Tchernobyl : quelle qu'en soit la raison et si faible qu'en soit le risque, un relâchement massif de radioactivité dans l'environnement est inacceptable.

C'est aussi un réacteur particulièrement bien protégé contre les agressions externes, involontaires ou malveillantes, au point de pouvoir résister à un attentat comparable à ceux du 11 septembre 2001 contre le World Trade Center et le Pentagone, aux États-Unis.

En dépit des systèmes supplémentaires et des épaisseurs additionnelles de béton fortement ferraillé, l'EPR, réacteur de 1 600 ou 1 650 MWe, reste compétitif grâce à l'allongement de sa durée de vie technique qui permet d'étaler l'amortissement des dépenses de construction sur une durée plus longue et grâce à une disponibilité accrue, que permet la redondance de ses systèmes de sauvegarde.

72 – Récupérateur

L'accident maximum imaginable serait la fusion de la totalité du cœur d'un réacteur. Le risque d'un tel accident, déjà très faible dans les REP actuels, est encore réduit d'un facteur 10 dans l'EPR. Mais la condition évoquée ci-dessus stipule : « Si faible que soit le risque... » On fait donc l'hypothèse qu'un tel accident se produit néanmoins, et que l'on ne réussit pas à garder le ***corium,*** ce mélange de métal et d'oxyde fondus analogue à une lave volcanique, à l'intérieur de la cuve jusqu'à sa solidification. Si ce mélange sortait de la cuve, il serait canalisé jusqu'à un espace d'étalement revêtu de dalles réfractaires, le ***récupérateur,*** situé à l'intérieur de l'enceinte de confinement. Une fois étalé, le corium serait alors refroidi passivement (sans action de l'opérateur) par l'eau d'un énorme réservoir situé lui aussi dans l'enceinte, qui assurerait sa solidification et son maintien à l'état solide sur le long terme. Le réacteur serait définitivement hors service, mais tous les produits radioactifs resteraient confinés à l'intérieur de l'enceinte, elle-même dimensionnée pour résister à l'accident et munie des dispositifs pour garantir son intégrité à long terme.

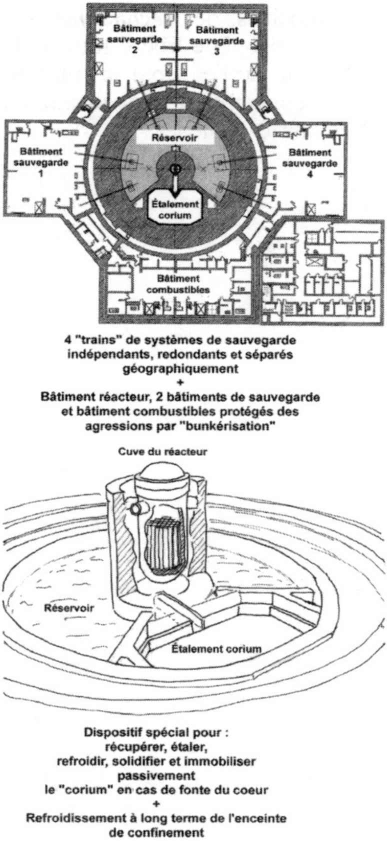

Fig. 13. – Dispositifs de sûreté spécifiques à l'EPR

Parmi ces dispositifs, des ***recombineurs*** catalytiques feraient brûler l'hydrogène libéré lors de la fusion du cœur (par réduction de l'eau par les métaux surchauffés) avant que la concentration de ce gaz n'atteigne un niveau où il risque d'exploser.

Chapitre IX

CŒUR ET COMBUSTIBLE REP

L'eau ordinaire est un excellent ralentisseur de neutrons, mais elle est aussi un absorbant, ce qui empêche d'utiliser l'uranium naturel comme combustible pour les REP. La teneur exacte à laquelle il faut enrichir l'uranium en isotope 235 pour servir de combustible REP dépend du taux de combustion recherché. Elle se situe couramment autour de 4 %. Le cœur d'un REP de 1 000 MWe contient environ 120 t de cet uranium « légèrement » enrichi.

Le cœur est constitué d'environ 200 assemblages disposés verticalement côte à côte de façon à former un volume quasi cylindrique.

Tableau 3. – **Nombre d'assemblages dans le cœur des différents « paliers » du programme nucléaire français**

« Palier » REP	*CPx*	*P4*	*N4*	*EPR*
Puissance (MWe)	900	1 300	1 450	1 600
Nombre d'assemblages	157	193	205	241

Chaque assemblage est constitué de 264 crayons, maintenus par des grilles autour d'un squelette de 25 ***tubes-guides*** pour former un réseau carré 17 × 17.

Avec ses pièces d'extrémité, les ***embouts,*** un assemblage mesure 4,8 m dans les REP récents. La gaine d'un crayon, son enveloppe externe, est un tube cylindrique en alliage de zirconium dont le diamètre externe est de 9,5 mm, et l'épaisseur, de 0,57 mm. Dans les gaines, sont empilées les pastilles de céramique en oxyde d'uranium (ou oxyde mixte d'uranium et plutonium) frittées et rectifiées sous forme de petits cylindres de 8,2 mm de diamètre et 13,5 mm de hauteur. La « longueur active » occupée par les pastilles est de 4,2 m, car un espace vide, le ***plenum,*** est ménagé en haut des crayons pour donner de l'espace à ceux des produits de fission qui sont gazeux. Chaque gaine est obturée par deux bouchons métalliques soudés pour former un tube étanche, que l'on met sous pression d'hélium avant l'obturation pour équilibrer en partie la pression de l'eau du circuit primaire.

La pièce d'extrémité basse contient un filtre pour bloquer les débris éventuels qui pourraient migrer et endommager les gaines. L'embout supérieur est équipé de forts ressorts pour empêcher l'assemblage de « s'envoler » sous la poussée du débit d'eau primaire.

La plupart des grilles d'espacement qui rigidifient l'assemblage et maintiennent sa géométrie sont munies en partie supérieure d'ailettes pour mélanger les filets d'eau à leur sortie et améliorer ainsi les transferts thermiques avec les crayons.

73 – Zirconium

Le **zirconium,** Zr, métal gris brillant dont le noyau comporte 40 protons, est pratiquement transparent aux neutrons thermiques (le zirconium les capture vingt fois moins que l'acier inoxydable qui constituait les gaines avant qu'on ne maîtrise sa métallurgie délicate). Le choix d'un alliage de zirconium pour la gaine vient de ce que, de plus, ce métal est très résistant à la corrosion par l'eau, même aux températures voisines de 300 °C. Mais il faut d'abord purifier le zirconium de toute trace de ***hafnium,*** Hf, métal dont le noyau comporte 72 protons et qui lui est chimiquement si proche qu'on les trouve ensemble dans tous les minerais. En effet, le hafnium a un tel appétit pour les neutrons thermiques qu'il est souvent utilisé comme poison de contrôle, par exemple dans les moteurs de sous-marins nucléaires.

Dans les tubes-guides qui constituent l'ossature des assemblages REP, on peut introduire (par le haut) ou extraire les crayons absorbants des grappes de contrôle, pour ajuster la puissance dégagée dans le cœur au niveau requis par l'opérateur de la centrale. Ces mouvements verticaux sont opérés par des ***mécanismes de grappe*** implantés sur le couvercle de cuve. Il y a environ une grappe pour trois assemblages (89 grappes pour 241 assemblages dans l'EPR). Dans les autres assemblages, on peut introduire en début de vie des crayons de poison consommable.

Les grappes de contrôle peuvent être moyennement absorbantes (barres grises) pour assurer le réglage fin du flux de neutrons, ou très absorbantes (noires) pour arrêter la réaction. Sur déclenchement de l'***arrêt d'urgence,*** la chute des grappes arrête la réaction en chaîne en moins de 2 secondes.

À chaque arrêt périodique pour rechargement, on décharge une fraction (un tiers ou un quart) des assemblages usés et on les remplace par des assemblages neufs. Au cours de cette opération, on réarrange les assemblages pour optimiser l'utilisation du combustible. Pour décharger un assemblage usé, il faut d'abord baisser la pression et la température du circuit primaire, puis désolidariser les grappes de leur mécanisme pour qu'elles restent entièrement insérées, et ouvrir le couvercle : ces opérations sont longues et très peu discrètes, ce qui garantit qu'on ne pourra pas clandestinement détourner un assemblage peu irradié pour en extraire plus tard du plutonium de qualité militaire (voir chap. XIII).

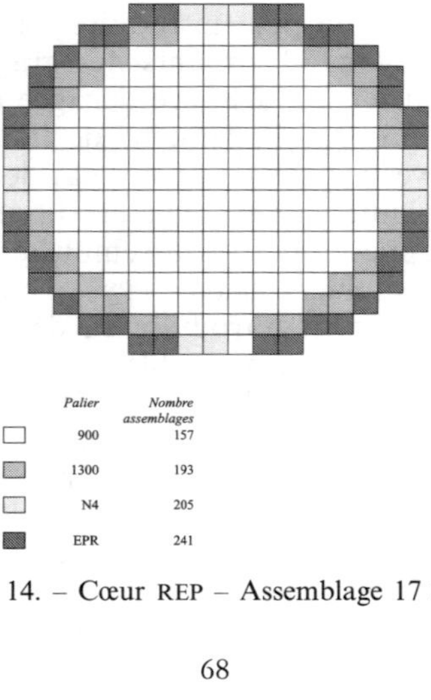

Fig. 14. – Cœur REP – Assemblage 17 × 17

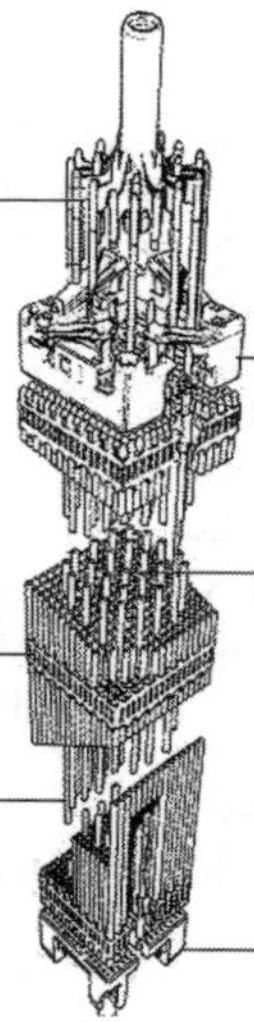

Fig. 15. – Assemblage combustible REP

L'instrumentation du cœur permet des mesures de température en sortie, ainsi que des cartes transversales et des profils axiaux de puissance. Avec ces informations, l'opérateur peut piloter son réacteur en garantissant qu'au point le plus chaud du crayon le plus chaud on reste en deçà de la ***crise d'ébullition,*** dans laquelle une gaine de vapeur autour du crayon dégraderait sévèrement le transfert thermique et menacerait l'intégrité de la gaine.

74 – MOX

Bien qu'il s'agisse d'un sigle plutôt que d'un mot proprement dit, notre prochain mot est « **MOX** », ce qui désigne un assemblage dont le combustible est un mélange d'oxyde de plutonium et d'oxyde d'uranium appauvri, en substitution à un oxyde d'uranium légèrement enrichi. La structure de l'assemblage et ses matériaux sont identiques, de même que la forme et les dimensions des pastilles.

Le mot est tellement entré dans les mœurs qu'on parle de réacteur « moxé » quand une partie de son combustible est à base de plutonium. Habituellement, on limite à un tiers du total le nombre d'assemblages MOX dans une recharge de REP ou de REB, pour n'avoir pas de modification significative à apporter à la chaudière.

Vis-à-vis des neutrons thermiques, le plutonium est deux fois plus absorbant que ^{235}U, ce qui fait que la teneur en plutonium d'une pastille de MOX est deux fois plus élevée que l'enrichissement d'une pastille classique. À cause de cette différence, quand un assemblage MOX est entouré d'assemblages classiques dans le cœur, il faut modifier la teneur en plutonium des crayons périphériques pour éviter des pics de flux neutronique à l'interface qui entraîneraient des points chauds indésirables.

Chapitre X

SÛRETÉ ET SÉCURITÉ NUCLÉAIRES

75 – Sécurité nucléaire, 76 – Sûreté nucléaire

Les mots « sûreté » et « sécurité » ont la même étymologie et sont assez voisins pour prêter à confusion. Dans le domaine nucléaire, le législateur a jugé indispensable d'en préciser le contenu :

Selon la loi du 13 juin 2006, « la **sécurité nucléaire** comprend la **sûreté** nucléaire, la radioprotection, la prévention et la lutte contre les actes de malveillance, ainsi que les actions de sécurité civile en cas d'accident ». La sûreté nucléaire, quant à elle, regroupe « l'ensemble des dispositions techniques et des mesures d'organisation relatives à la conception, à la construction, au fonctionnement, à l'arrêt et au démantèlement des installations nucléaires, ainsi qu'au transport des matières radioactives, prises en vue de prévenir les accidents ou d'en limiter les effets ».

L'industrie nucléaire produit, manipule et transporte de grandes quantités de matières radioactives. *L'objectif fondamental de la sûreté nucléaire est d'assurer en toutes circonstances le confinement de la radioactivité.*

La sûreté d'un réacteur exige le maintien des deux fonctions suivantes :

- contrôle de la réaction en chaîne ;
- refroidissement du combustible, y compris après l'arrêt de la réaction en chaîne (évacuation de la puissance résiduelle).

Dans les REP, il y a peu de risque de défaillance de la première fonction, qui conduirait à ce qu'on appelle un ***accident de réactivité*** ou ***excursion de puissance,*** car le cœur et le combustible sont conçus pour que :

- une perte d'eau (ou la baisse de sa densité par ébullition excessive) arrête spontanément la réaction en chaîne par modération insuffisante des neutrons. On dit que le REP a un ***coefficient de vidange*** négatif ;
- une augmentation de température du cœur provoque aussi l'arrêt de la réaction en chaîne par augmentation de la capture des neutrons par l'uranium 238 et par baisse de la densité d'eau. On dit que le REP a un ***coefficient de température*** négatif.

Le manque de refroidissement du combustible après arrêt est en revanche le principal contributeur au risque d'accident, voire d'accident grave. C'est pourquoi, en cas de défaillance du refroidissement normal par le circuit primaire, une série de systèmes redondants d'***injection de sécurité*** se déclenchent automatiquement. De même, les générateurs de vapeur, chargés d'évacuer les calories du circuit primaire, sont équipés d'une alimentation de secours en eau secondaire.

77 – Défense en profondeur

La sûreté d'un réacteur repose sur le principe de défense en profondeur selon lequel *tout dispositif est considéré comme vulnérable et doit être relayé par d'autres dispositifs.* L'*AIEA* distingue cinq niveaux de défense :

- 1er niveau : l'installation doit être de conception sûre, avec une bonne qualité de réalisation, exploitée et maintenue par des opérateurs compétents : c'est le fonctionnement normal ;
- 2e niveau : il doit y avoir des moyens de surveillance pour détecter toute anomalie conduisant à sortir des conditions normales de fonctionnement, et des ***systèmes de protection*** redondants pour amener automatiquement l'installation dans un état sûr ;
- 3e niveau : si les deux premières lignes de défense sont franchies, un ensemble de ***systèmes de sauvegarde,*** eux aussi redondants, doit pouvoir être activé pour assurer l'intégrité d'au moins une barrière : le confinement reste garanti ;
- 4e niveau : en cas de défaillance grave de tous les systèmes de protection à tous les niveaux précédents, c'est la situation d'accident grave, qui peut conduire à une fusion du cœur du réacteur et à des rejets massifs dans l'environnement ;
- 5e niveau : s'il y a vraiment rejet massif dans l'environnement, on est en urgence radiologique, et il faut mettre en œuvre les plans d'urgence interne et des plans particuliers d'intervention qui relèvent des pouvoirs publics (mesures de confinement, voire d'évacuation des populations voisines).

Un bon exemple de système de protection est la chute automatique des grappes de commande dans un REP. Quelque part entre le troisième et le quatrième niveau, on entre en situation de crise et on met en place un dispositif de crise, régulièrement testé par des exercices nationaux.

78 – Les trois barrières

Nous avons vu que la première ligne de défense est une conception sûre. Dans toute installation nucléaire, cela consiste à interposer entre les produits radioactifs et l'environnement plusieurs **barrières** successives indépendantes et emboîtées comme des poupées russes. C'est ainsi que, dans les REP, trois types de barrières physiques résistantes forment un écran multicouche de protection contre les radiations :

- 1re barrière : les gaines métalliques des crayons qui contiennent le combustible ;
- 2e barrière : l'enveloppe du circuit d'eau primaire, en acier très épais, et les organes qui permettent d'isoler le circuit primaire du reste de la tranche nucléaire (à noter le point vulnérable que constituent les tubes du générateur de vapeur) ;
- 3e barrière : l'enceinte de confinement qui entoure les bâtiments, et qui est le plus souvent doublée d'une autre enceinte qui la protège des agressions externes.

La sûreté de conception d'un REP ne se limite pas aux trois barrières. Nous avons déjà évoqué plus haut

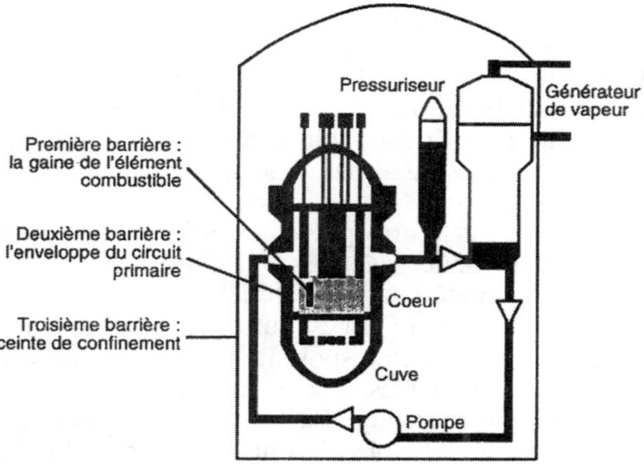

Fig. 16. – Schéma des 3 barrières d'un REP

le rôle du coefficient de vidange et du coefficient de température. Les composants et les circuits sont conçus pour se mettre automatiquement en position sûre en cas de défaillance ou de perte d'alimentation en électricité ou en fluides. Les systèmes qui assurent la protection des fonctions vitales du réacteur (contrôle de la réaction en chaîne et système de refroidissement) sont doublés, triplés ou quadruplés selon les fonctions remplies et les modèles de réacteurs.

En outre, tous les événements d'exploitation d'une centrale nucléaire (défauts, dysfonctionnements, incidents) font l'objet d'un rapport. Les données sont analysées pour en tirer les enseignements et apporter si besoin les modifications nécessaires afin d'éviter le renouvellement de ces événements. Ces données sont également partagées dans le cadre d'une collaboration internationale. L'exploitation de ce retour d'expérience, multiplié en cas de réacteurs standardisés, est une des clés de progrès en matière de sûreté.

Il ne faut pas non plus sous-estimer l'importance d'une maintenance rigoureuse et d'un suivi du vieillissement des matériaux et matériels.

Enfin, une centrale n'est sûre que si ses opérateurs sont bien formés et disposent, *via* l'instrumentation, d'informations fiables et sans ambiguïté sur l'état réel des différents systèmes. La formation des personnels et leur ***culture de sûreté*** sont essentielles. Plusieurs semaines par an, les opérateurs de conduite des centrales nucléaires sont régulièrement appelés à des stages obligatoires de formation et d'entraînement sur simulateurs.

79 – Installation nucléaire de base

La réglementation française de sûreté s'applique au premier chef aux **installations nucléaires de base,** les ***INB,*** qui peuvent être de nature ou de taille différente (de la centrale nucléaire à l'irradiateur de pommes de terre en passant par des laboratoires de recherche) mais qui ont fait l'objet d'un décret d'autorisation de création.

– La responsabilité de la sûreté d'une INB incombe entièrement à son exploitant (identifié dans le décret).

– Les pouvoirs publics contrôlent que cette responsabilité est bien assumée, dans le respect des lois et prescriptions réglementaires.

– La loi a institué en outre un certain nombre d'instances nationales et locales chargées d'exercer un ***contrôle citoyen*** relatif à la transparence de l'information du public en matière nucléaire.

80 – Autorité de sûreté nucléaire

Le contrôle des pouvoirs publics sur la sûreté nucléaire et la radioprotection est confié à une autorité administrative indépendante constituée d'un collège de six membres, l'***ASN***, **Autorité de sûreté nucléaire,** qui doit aussi veiller à la transparence de l'information du public. L'ASN doit veiller à la bonne application des lois et des règlements, elle formule des avis, fait réaliser des études, elle est également associée à la gestion des crises en cas d'urgence radiologique.

L'ASN dispose d'un corps d'inspecteurs et s'appuie sur des organismes de soutien technique dont le plus important est l'Institut de radioprotection et de sûreté nucléaire, ***IRSN***. Elle demande souvent l'avis consultatif de ***groupes permanents*** d'experts devant lesquels concepteurs ou exploitants, d'une part, et organismes de soutien technique, d'autre part, viennent débattre contradictoirement des dossiers concernés.

En ce qui concerne le contrôle citoyen national, mentionnons sans les détailler l'Office parlementaire d'évaluation des choix scientifiques et techniques ***(OPECST)***, le Haut Comité pour la transparence et l'information sur la sûreté nucléaire, la Commission nationale du débat public *(CNDP)*.

Les Commissions locales d'information, *CLI,* instituées auprès des sites comprenant une ou plusieurs INB, sont chargées d'une mission générale de suivi, d'information et de concertation en matière de sûreté nucléaire, de radioprotection et d'impact des activités nucléaires sur les personnes et l'environnement.

Les membres des CLI sont des représentants des conseils généraux, municipaux et régionaux, des parlementaires élus dans le département concerné par le site, des représentants d'associations de protection de l'environnement, d'intérêts économiques, d'organisations syndicales, et de professions libérales. Leurs dépenses sont financées par l'État et les collectivités territoriales concernées par le site nucléaire. Les CLI sont regroupées au sein d'une association nationale, ANCLI, chargée de les représenter auprès des autorités nationales et européennes.

81 – Échelle INES

C'est pour informer le public et les médias de façon compréhensible qu'a été créée en 1991 l'**échelle INES** (International Nuclear Event Scale), analogue à l'échelle Richter pour les séismes ou l'échelle Beaufort pour les vents. Les événements affectant une installation nucléaire (anomalie, incident ou accident) sont ainsi classés par gravité croissante sur une échelle qui va de 0 (écart sans conséquence) à 7 (accident majeur). À ce jour, le seul événement classé au niveau 7 a été l'accident de Tchernobyl.

Sur la base de trois critères : dégradation de la défense en profondeur, conséquences à l'intérieur du site, conséquences à l'extérieur du site, l'exploitant propose un classement en déclarant l'événement à l'Autorité de sûreté. Celle-ci l'accepte, ou le reclasse (généralement plus haut dans l'échelle). En année moyenne, l'ensemble du parc français déclare quelques centaines d'écart de niveau 0, une bonne centaine d'anomalies classées au niveau 1 et deux ou trois incidents classés au niveau 2. Nous avons connu deux incidents graves de niveau 3, en 1981 et 2002, et un seul accident de niveau 4, en 1980.

Le caractère répétitif d'un événement peut amener à relever son classement au niveau supérieur.

Précieux instrument de communication, l'échelle INES n'est pourtant pas toujours comprise, et l'émotion soulevée par tel ou tel incident peut n'avoir aucun rapport avec sa gravité réelle.

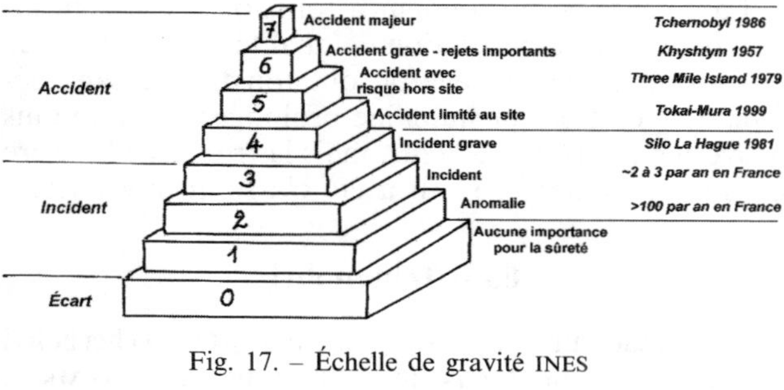

Fig. 17. – Échelle de gravité INES

82 – Three Mile Island (TMI)

Le 29 mars 1979, à la tranche n° 2 de la centrale REP de **Three Mile Island** (Pennsylvanie), une interruption de l'arrivée d'eau aux générateurs de vapeur a déclenché la chute des barres, puis l'injection de sécurité parce qu'une soupape du pressuriseur s'était coincée en position ouverte. Trompés par un signal ambigu en salle de commande, croyant que le réacteur se remplissait trop, les opérateurs ont arrêté manuellement l'injection d'eau. Quand ils ont isolé la fuite et rétabli l'injection, au bout de deux heures, un tiers du cœur avait fondu et le reste était très endommagé. L'accident a terrifié l'Amérique et le réacteur était définitivement hors de service, mais – à part un relâchement de « gaz rares » radioactifs mais peu dangereux – la radioactivité du cœur détruit est restée confinée à l'intérieur de l'enceinte de confinement, sans dommage pour les populations environnantes.

La défense en profondeur a fonctionné : la conception était sûre, la réalisation de qualité, les systèmes de protection et de sauvegarde ont fonctionné sans défaillance. Une erreur humaine prolongée a néanmoins provoqué la fusion du cœur, mais la troisième barrière a tenu. L'accident de TMI a été classé au niveau 5.

83 – Tchernobyl

Les réacteurs de la centrale de **Tchernobyl** (Ukraine) n'étaient pas des REP, mais des « RBMK », modèle construit uniquement dans l'ex-URSS, où le combustible est refroidi par de l'eau bouillante qui circule sous pression dans des tubes de force. Ces tubes verticaux traversent un énorme massif de graphite qui ralentit les neutrons. La conception des RBMK a des faiblesses : ils sont instables à puissance réduite, leur coefficient de vidange est positif (une perte d'eau accélère la réaction en chaîne) et leur troisième barrière est incomplète.

Le 28 avril 1986, les opérateurs du réacteur n° 4 de Tchernobyl exécutaient une manœuvre expérimentale sur le réacteur à basse puissance, ce qui les avait obligés à désarmer une partie des systèmes de sécurité. Pour poursuivre à tout prix l'expérience alors que l'état du réacteur ne le permettait plus (empoisonnement xénon), ils ont violé délibérément les consignes de sécurité, jusqu'à provoquer une montée incontrôlée et très rapide de la puissance du réacteur : l'eau de refroidissement du cœur s'est vaporisée instantanément, et cette explosion de vapeur a soulevé la dalle de 1 200 t qui recouvrait le cœur, éjecté une partie du cœur et soufflé le toit du bâtiment abritant le réacteur. À l'air libre, le graphite surchauffé s'est enflammé et l'incendie qui a duré plusieurs jours a envoyé jusque dans la stratosphère une quantité considérable d'aérosols radioactifs qui sont ensuite retombés sur toute l'Europe. La différence des conséquences de Three Mile Island 2 et Tchernobyl 4 illustre dramatiquement l'importance de l'enceinte de confinement.

Chapitre XI

LE CYCLE DU COMBUSTIBLE

84 – Cycle du combustible

On ne met pas directement du pétrole brut dans le réservoir de sa voiture. De même, on ne met pas directement le minerai d'uranium dans un réacteur nucléaire : il faut le transformer en combustible par une série d'opérations industrielles qui constituent le **cycle du combustible.** On appelle ***amont du cycle*** l'ensemble des étapes qui mènent de la mine au réacteur, et ***aval du cycle*** les étapes qui permettent de recycler les matières récupérables dans les combustibles usés à la sortie du réacteur et de conditionner les déchets radioactifs en vue de leur disposition finale.

S'il n'y a pas de recyclage, et que l'on traite les combustibles usés comme des déchets ultimes, on parle de ***cycle ouvert,*** appellation paradoxale. Le cycle complet est ***fermé.***

L'uranium n'est pas un métal très rare, comme l'or, mais il n'est pas non plus abondant comme le fer ou l'aluminium. Sa concentration moyenne dans la croûte continentale est de 3 ppm (3 g par tonne). Dans les gisements où il est assez concentré pour qu'on parle de ***minerai*** et qu'on envisage de l'en extraire, sa concentration peut aller de moins de 1 % à 20 %, pour les gisements d'une richesse exceptionnelle.

Nous avons déjà vu que l'uranium naturel est un mélange de 99,3 % d'isotope de masse atomique 238 et de 0,7 % d'isotope 235, avec des traces d'uranium 234.

La période radioactive de ^{238}U étant beaucoup plus longue que celle de ^{235}U, le rapport $^{235}U/^{238}U$ a diminué au cours de l'histoire de la Terre : c'est ainsi que, 4,5 milliards d'années après la formation de notre planète, il reste encore la moitié de l'^{238}U initial, mais seulement 2 % de l'^{235}U (voir *Oklo,* p. 27). Dans les minerais, l'uranium est toujours associé à un certain nombre de ses descendants, dont certains, beaucoup plus radioactifs que lui, comme le radium, émettent des rayonnements qui aident à sa détection.

85 – Prospection

En amont du cycle proprement dit, il faut d'abord identifier et caractériser des gisements économiquement exploitables : c'est le travail de **prospection.** On commence par rassembler les données géophysiques, géologiques et minières qui existent sur la région que l'on veut prospecter, en tirant de plus en plus parti de l'imagerie par satellites. Puis on cherche à détecter les rayonnements du radium, par avion, puis en véhicule terrestre et enfin à pied.

S'ils sont encourageants, les résultats de cette exploration peuvent être complétés par des sondages, qui donnent un accès direct au matériau.

Lorsque les forages ont confirmé l'intérêt de la cible, et que les sondages ont permis d'en évaluer l'étendue, de petits travaux miniers deviennent nécessaires pour fournir un volume suffisant d'échantillons au chimiste afin de lui permettre d'étudier les procédés de traitement les plus appropriés à la nature géochimique du gisement et pour recueillir des renseignements sur la tenue mécanique des terrains, qui seront déterminants dans le choix des modes d'exploitation : mine souterraine « classique », carrière à ciel ouvert ou ***lixiviation « in situ »***.

La lixiviation *in situ* est une technique qui permet l'extraction de l'uranium en profondeur sans avoir à creuser d'ouvrages souterrains de grande ampleur. Plusieurs puits sont percés jusqu'au minerai. Une solution alcaline injectée dans l'un des puits dissout l'uranium et est récupérée par pompage dans les puits avoisinants. Ce mode d'extraction économique a l'avantage de permettre l'exploitation de ressources à faible teneur, même profondes. En revanche, il faut rincer la roche après lixiviation pour éviter de polluer les nappes d'eau souterraines.

L'exploitation minière constitue la première étape de l'amont du cycle.

86 – *Yellow cake*

Vu sa faible teneur en uranium, ce n'est pas le minerai que l'on va transporter : on passe d'abord par une étape de ***concentration***, au voisinage de l'exploitation minière.

Après concassage et broyage, le minerai est attaqué chimiquement en pulpe. Le traitement le plus courant est une attaque à l'acide sulfurique. Le taux de récupération de l'uranium est en général supérieur à 90 %.

Après clarification et purification sur solvant ou résines échangeuses d'ions, l'uranium de la solution est précipité par addition d'ammoniaque, de magnésie, d'hydroxyde de magnésium ou de soude. Lavé et filtré, le concentré contient environ 75 % d'uranium et est appelé ***yellow cake*** à cause de sa belle couleur jaune orangée. Ce dernier peut éventuellement être grillé pour obtenir l'oxyde d'uranium U_3O_8. *Yellow cake* et oxyde d'uranium représentent les produits commercialisables de l'usine de concentration.

Une exploitation minière cause toujours une perturbation notable de l'environnement. Les résidus miniers, les effluents, le réaménagement du site après la fin d'exploitation sont des points sensibles du point de vue de la protection de l'environnement.

L'usine de traitement produit des ***résidus.*** Bien que l'uranium en ait été extrait, ils sont encore radioactifs, car ils contiennent encore tous les autres radionucléides naturels de la famille de l'uranium. Ils sont stockés sur place, soit dans la mine elle-même, soit dans un bassin ceinturé par des digues. Lors du réaménagement, ces résidus sont ensuite recouverts par une couche de terre d'une épaisseur de l'ordre de quelques mètres pour en assurer le confinement et en éviter l'érosion, retarder et réduire l'exhalation du radon et assurer une protection radiologique. Le réaménagement du site et la reconstitution d'un paysage agréable sont parfois appelés ***réhabilitation.***

87 – Conversion

Arrivé au stade du *yellow cake,* l'uranium est encore loin de pouvoir être utilisé dans un réacteur nucléaire ! Il doit d'abord être mis sous la forme hexafluorure d'uranium UF_6 (gazeux) pour y subir l'enrichissement isotopique.

Il faut d'abord purifier le *yellow cake* pour le débarrasser des éléments comme le bore ou le cadmium, absorbeurs de neutrons, ainsi que des éléments formant des fluorures volatils susceptibles de contaminer l'hexafluorure d'uranium produit plus tard. Cette purification se fait après dissolution du *yellow cake* ou de l'oxyde d'uranium dans l'acide nitrique.

La solution de nitrate d'uranyle purifiée est ensuite transformée en une poudre d'oxyde d'uranium UO_3 par chauffage à 300 °C puis en UO_2 par chauffage au four en présence d'hydrogène. La poudre d'oxyde UO_2 est ensuite fluorée en deux étapes, d'abord par de l'acide fluorhydrique, puis par du fluor gazeux.

88 – Enrichissement

L'hexafluorure d'uranium est ensuite acheminé sous forme solide, dans des conteneurs sous pression, vers l'usine d'**enrichissement,** étape suivante de l'amont du cycle. Cette opération qui consiste à porter la teneur isotopique en ^{235}U de 0,7 % à 4 % ou plus est rendue nécessaire pour les combustibles de REP ou REB pour compenser l'absorption des neutrons par les noyaux d'hydrogène de l'eau ordinaire. C'est une opération difficile car il s'agit de trier des atomes d'un même élément chimique et dont la différence de masse est très faible en valeur relative.

Dans un ***étage*** d'enrichissement, on fait entrer un débit d'uranium à une teneur donnée et il en sort d'une part un débit enrichi à teneur plus élevée, d'autre part un débit appauvri à teneur plus faible. Dans les procédés industriels décrits ci-après, le facteur d'enrichissement d'un étage individuel est faible ou très faible : il faut donc disposer en ***cascade*** un nombre plus ou moins grand d'étages pour parvenir, en fin de cascade, à l'enrichissement désiré.

Tandis que le débit enrichi sortant d'un étage donné est envoyé à l'entrée de l'étage suivant, son débit appauvri est renvoyé à l'entrée de l'étage précédent.

On note qu'à l'amont de l'entrée d'uranium naturel on ajoute des étages d'appauvrissement pour économiser l'^{235}U en baissant sa teneur dans le débit sortant d'uranium appauvri. Cet uranium appauvri est ensuite défluoré et entreposé sous forme d'oxyde en attendant son utilisation ultérieure comme combustible des réacteurs de génération IV. Le choix de la teneur « de rejet » résulte à tout moment d'un compromis économique entre le prix de l'uranium et le coût de l'enrichissement. Plus la teneur de rejet est élevée, plus l'enrichissement est facile, mais plus on consomme de

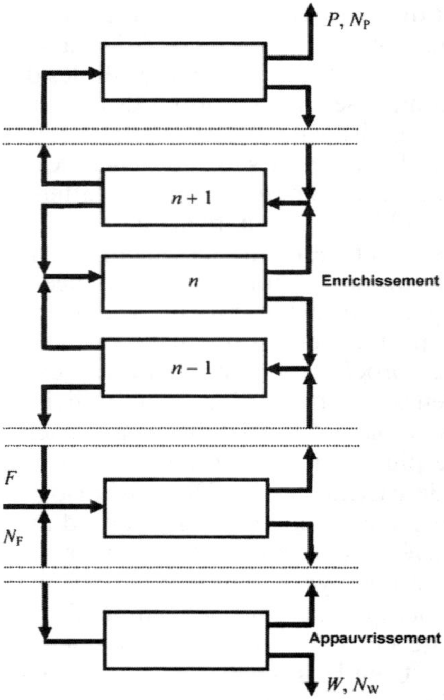

Fig. 18. – Schéma de mise en cascade

matière première. Afin de mener à bien cette optimisation, on introduit la notion d'unité de travail de séparation *UTS*, combinant les teneurs et les débits des trois flux.

Par exemple, pour produire 1 kg d'uranium enrichi à 3,7 %, il faut consommer 8 kg d'uranium naturel et dépenser 5 UTS, en « rejetant » 7 kg d'uranium appauvri ne contenant plus que 0,25 % d'^{235}U.

89 – Diffusion gazeuse

Le premier procédé utilisé pour l'enrichissement de l'uranium fut le tri électromagnétique dans des spectromètres de masse géants appelés ***calutrons.*** Ce procédé extrêmement coûteux et très vite abandonné avait été redéveloppé lors du programme militaire clandestin découvert en Irak après la première guerre du Golfe.

Le premier procédé industriel a été la **diffusion gazeuse,** qui utilise un composé gazeux de l'uranium : l'hexafluorure d'uranium (UF_6). Le fluor n'ayant qu'un seul isotope (de masse atomique 19), les différences de masse qui peuvent exister entre deux molécules d'UF_6 résultent seulement des différences de masse entre les isotopes de l'uranium.

Les molécules de $^{235}UF_6$ (de masse 349) se déplacent plus vite que les molécules de $^{238}UF_6$ (de masse 352), et durant un même intervalle de temps elles viennent frapper un plus grand nombre de fois la paroi du récipient qui les contient.

Dans ces conditions, si on fait diffuser de l'UF_6 gazeux à travers une ***barrière*** poreuse, on trouvera en aval de la barrière une fraction de gaz légèrement plus enrichi en ^{235}U que ne l'était la totalité du gaz mis au départ en amont de celle-ci. L'effet élémentaire est très faible, de l'ordre de 1,002 par étage : il faut donc un très grand nombre d'étages dans une cascade de diffusion gazeuse. L'usine Georges-Besse, la plus importante du monde occidental, est constituée d'une seule cascade de 1 400 étages ! Forcer un gaz à traverser de très petits pores exige une énergie de compression considérable, de l'ordre de 2 400 kWh par UTS. À sa pleine capacité de 10,8 millions d'UTS par an, l'usine Georges-Besse consomme les trois quarts de la production d'électricité des quatre tranches de 900 MWe de la centrale nucléaire du Tricastin qui la jouxte.

90 – Ultracentrifugation

Pénalisée par sa consommation d'électricité, la diffusion gazeuse cède progressivement la place à l'**ultracentrifugation.** C'est un procédé statistique en phase gazeuse, où l'on fait tourner à très haute vitesse un bol cylindrique contenant du gaz UF_6. Sous l'effet de la force centrifuge, s'opère une séparation par stratification : les molécules les plus lourdes se concentrent à la périphérie, tandis que les plus légères migrent préférentiellement vers le centre. Le facteur d'enrichissement est de l'ordre de 1,3, valeur nettement plus grande que pour la diffusion gazeuse, ce qui permet des cascades beaucoup plus courtes.

Le prélèvement des fractions appauvries et enrichies se fait au moyen d'écopes, petits tubes placés aux deux extrémités du bol à des distances de la paroi soigneusement optimisées. L'alimentation et le prélèvement du gaz par ces écopes provoquent, le

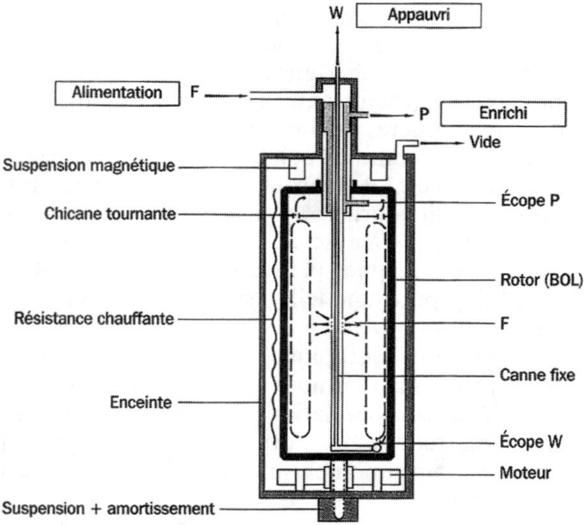

Fig. 19. – Schéma d'une ultracentrifugeuse

long de l'axe de rotation de la centrifugeuse, qui est vertical, un contre-courant qui transforme le gradient isotopique radial en un gradient axial. Avec ce courant axial, une centrifugeuse se comporte un peu comme une colonne à distillation : le courant montant est progressivement enrichi en ^{235}U, et le courant descendant, appauvri.

Pour une efficacité maximum, on a intérêt à utiliser des centrifugeuses hautes, et à les faire tourner à la vitesse la plus élevée possible, dans les limites imposées par la résistance des matériaux. Les centrifugeuses les plus modernes, avec des rotors en fibre de carbone, ont des vitesses périphériques supérieures à 700 m/s, et un pouvoir séparateur entre 30 et 100 UTS/an. Même avec cette dernière valeur, une usine de 5 millions d'UTS/an comprendrait 50 000 machines arrangées en cascades parallèles d'environ 10 étages. Ces machines doivent pouvoir tourner sans s'arrêter pendant des dizaines d'années. À cause du nombre de machines en jeu, et des très longues périodes sans maintenance, le principal défi pour une telle usine est donc celui de la fiabilité.

La séparation isotopique dans une centrifugeuse étant un processus thermodynamique proche de la réversibilité, la consommation en énergie d'une usine UCG est très réduite, de l'ordre de 50 kWh par UTS, soit 50 fois moins qu'une usine de diffusion gazeuse de même capacité.

Les progrès de l'ultracentrifugation ont renvoyé vers le futur les procédés de séparation par laser ***SILVA*** qui semblaient prometteurs dans les années 1990.

91 – Fabrication

L'étape finale de l'amont du cycle de combustible est la **fabrication** des assemblages (voir chap. IX). Elle comprend les opérations suivantes :

- fabrication des gaines, des grilles et des embouts ;
- défluoration de l'UF_6 en poudre d'UO_2 ;
- moulage et frittage des pastilles ;

- rectification des pastilles ;
- introduction des pastilles dans les gaines, pressurisation à l'hélium et soudure des bouchons de gaine ;
- assemblage des crayons dans le « squelette de l'assemblage.

Toutes ces opérations font l'objet de contrôles et mesures minutieux sous assurance de la qualité, car, rappelons-le, la gaine du combustible constitue la première des barrières de sûreté.

92 – Traitement des combustibles usés

Après quatre ou cinq ans dans le cœur du réacteur, le combustible est usé (voir p. 40). Empoisonné par les produits de fission, il n'a plus assez de noyaux fissiles pour continuer à produire de l'énergie. En outre, sa gaine a subi des agressions chimiques (oxydation et hydruration) et physiques (irradiation, fluage) qui ont affaibli sa résistance mécanique et donc sa capacité à jouer son rôle de confinement (on s'assure, évidemment, qu'elle reste assez solide pour résister aux transitoires de fonctionnement ainsi qu'aux manipulations de déchargement et de transport !).

Trois options s'offrent alors à l'opérateur de la centrale :

- considérer que le combustible usé est un déchet, et le gérer en tant que tel (voir chapitre suivant). C'est notamment l'option retenue en Suède et en Finlande ;

– vouloir récupérer, par **traitement du combustible usé,** les matières valorisables qu'il contient encore en vue de les recycler, et conditionner les déchets ultimes en vue de leur gestion ultérieure. C'est le choix, par exemple, de la France et du Japon ;
– entreposer les combustibles usés, sous eau ou à sec, en attendant de choisir l'une ou l'autre des options précédentes.

Le tableau ci-dessous explicite les éléments du choix :

Tableau 4

	Assemblage REP neuf	*Assemblage usé 55 GWj/t*
Uranium total	500 kg	475 kg
dont ^{235}U	20 kg	4 kg
Plutonium		5 kg
Produits de fission		19,5 kg
Actinides mineurs		0,5 kg

L'intérêt du ***recyclage*** est double :
– réutiliser l'uranium résiduel que l'on peut ré-enrichir et le plutonium avec lequel on peut fabriquer des combustibles MOX ;
– éviter de laisser le plutonium dans les déchets où il deviendrait progressivement la source principale de radio-toxicité. En outre, le recyclage laisse totalement ouverte l'option d'une vraie exploitation de la ressource uranium dans les réacteurs de la génération IV.

Mais le traitement de ces objets très radioactifs est une opération lourde et délicate à la fois que peu de pays maîtrisent à l'échelle industrielle. Elle comprend les étapes suivantes :

- transport des combustibles usés de la centrale à l'usine de traitement, dans des emballages très massifs (pour assurer la protection contre les rayonnements) appelés ***châteaux de transport*** ;
- entreposage centralisé des combustibles dans les piscines de l'usine, pendant quelques années, pour laisser décroître la radioactivité ;
- ***cisaillage*** mécanique de l'assemblage : après séparation des embouts, les crayons sont tronçonnés en segments de 35 mm environ, qui sont envoyés dans un ***dissolveur*** rempli d'acide nitrique concentré et bouillant ;
- ***dissolution*** des pastilles combustibles par l'acide nitrique : à l'issue de cette étape, uranium, plutonium et produits de fission restent dans la solution sous forme de nitrates, tandis que les tronçons de gaine vides, les coques, non attaquées par l'acide, sont récupérées, rincées et envoyées pour être compactées sous pression.

La solution de nitrates subit alors une série d'***extractions par solvants*** qui séparent trois flux distincts : uranium, plutonium, et l'ensemble des autres éléments qui constituent les déchets ultimes.

93 – Vitrification

Le plutonium est transformé en poudre d'oxyde pour la fabrication de pastilles MOX. L'uranium est entreposé ou envoyé se faire ré-enrichir. Les produits de fission et actinides mineurs sont envoyés à la **vitrification** pour devenir des blocs de verre.

La vitrification est le moyen de conditionner l'ensemble des produits de fission et les actinides. Le verre rassemble donc la quasi-totalité de l'activité (environ 99,5 %) contenue dans le combustible ; il s'agit bien d'un déchet ultime, c'est-à-dire un déchet que l'on a stabilisé et dont on a retiré la part valorisable.

Les nitrates sont d'abord calcinés pour évaporer l'eau et les oxyder. Les ***calcinats*** obtenus sont mélangés à de la fritte de verre et l'ensemble est fondu, homogénéisé et affiné pendant quelques heures. La pâte de verre fondu est enfin coulée dans des conteneurs cylindriques en acier inoxydable, au couvercle soudé. Un conteneur de 180 l contient ainsi 150 l de verre massif incorporant plus de 80 kg de produits de fission, correspondant à la production de 360 millions de kilowattheures d'origine nucléaire.

Les coques et embouts compactés en galettes métalliques sont également conditionnés dans des conteneurs de même géométrie en acier inoxydable.

Conteneurs de verre et conteneurs de galettes compactées constituent les déchets ultimes à la sortie des opérations de traitement des combustibles usés.

Chapitre XII

LES DÉCHETS RADIOACTIFS

La loi du 28 juin 2006 sur la gestion durable des matières et déchets radioactifs précise :

« Une substance radioactive est une substance qui contient des radionucléides, naturels ou artificiels, dont l'activité ou la concentration justifie un contrôle de radioprotection.

« Une matière radioactive est une substance radioactive pour laquelle une utilisation ultérieure est prévue ou envisagée, le cas échéant après traitement.

« Un combustible nucléaire est regardé comme un combustible usé lorsque, après avoir été irradié dans le cœur d'un réacteur, il en est définitivement retiré.

« *Les déchets radioactifs sont des substances radioactives pour lesquelles aucune utilisation ultérieure n'est prévue ou envisagée.*

« Les déchets radioactifs ultimes sont des déchets radioactifs qui ne peuvent plus être traités dans les conditions techniques et économiques du moment, notamment par extraction de leur part valorisable ou par réduction de leur caractère polluant ou dangereux. »

Selon la loi, la notion de déchet n'est pas affaire de nature, mais de destination « prévue ou envisagée ». On notera également qu'activité et concentration qui définissent le caractère de « substance radioactive » sont des normes, donc susceptibles d'évolution réglementaire.

On classe les déchets radioactifs selon deux critères : leur radioactivité et la période radioactive des radionucléides qu'ils contiennent. En France, on arrive au tableau suivant, qui précise le mode de gestion finale par catégorie.

Tableau 5. – **Classification française des déchets radioactifs**

Catégories de déchets radioactifs	*Vie très courte (< 100 jours)*	*Vie courte (< 30 ans)*	*Vie longue VL (> 30 ans)*
Très faible activité TFA (10-100 Bq/g)		Centre de Stockage à Morvilliers	En surface
Faible activité FA (100-100 000 Bq/g)	On laisse décroître sur place	Centre de stockage en surface de l'Aube à Soulaines	Projet de stockage en subsurface
Moyenne activité MA (milliers à millions Bq/g)		Stockage dédié en cours d'étude	
Haute activité HA (milliards Bq/g)		Stockage géologique à l'étude	Réversible

À l'international, on utilise souvent une classification simplifiée : A (FA), B (MA) et C (HA). Peu de pays se préoccupent des TFA.

Les déchets TFA sont des ferrailles ou gravats provenant pour l'essentiel des opérations de démantèlement. Le site de Morvilliers qui les accueille depuis 2003 a une capacité de 650 000 m^3.

Les FA sont des déchets très divers issus de l'industrie nucléaire mais aussi des laboratoires, hôpitaux, etc. Le site de Soulaines qui les stocke depuis 1992 a une capacité de 1 million de mètres cubes.

Les déchets MA-VL et HA sont les déchets nucléaires décrits au chapitre précédent, issus du traitement des combustibles usés : conteneurs de déchets métalliques compressés et conteneurs de verre. Ils sont actuellement entreposés dans des bâtiments spécifiques de l'usine de La Hague.

En France, où elle produit 78 % de l'électricité, l'industrie électronucléaire génère environ 1 kg de déchets radioactifs par habitant, dont seulement 10 g de déchets HA. C'est à comparer aux 100 kg de déchets toxiques produits chaque année par habitant. Les déchets HA et MA-VL représentent 7 % du volume total mais concentrent 98 % de la radioactivité totale.

94 – Entreposage, stockage

Nous avons plusieurs fois utilisé ces mots : il n'est que temps de les définir, en suivant encore le texte de la loi :

« L'**entreposage** de matières ou de déchets radioactifs est l'opération consistant à placer ces substances à titre temporaire dans une installation spécialement aménagée en surface ou en faible profondeur à cet effet, dans l'attente de les récupérer.

« Le **stockage** de déchets radioactifs est l'opération consistant à placer ces substances dans une installation spécialement aménagée pour les conserver de façon potentiellement définitive (dans le respect de la protection de la santé des personnes, de la sécurité et de l'environnement, et afin de prévenir ou de limiter les charges qui seront supportées par les générations futures).

« Le stockage en couche géologique profonde de déchets radioactifs est le stockage de ces substances dans une installation souterraine spécialement aménagée à cet effet, dans le respect du principe de ***réversibilité.*** »

Il y a là une certaine subtilité : le ***stockage géologique*** est conçu pour pouvoir être définitif, mais aussi pour permettre la récupération des colis de déchets pendant une durée qui sera fixée par la loi mais qu'on envisage d'un ou deux siècles. Il se différencie de l'entreposage, même de très longue durée, car celui-ci doit toujours se terminer par la récupération des colis.

Parmi les experts scientifiques, il existe aujourd'hui un consensus international sur le fait que les déchets HA et MA-VL doivent être gérés à long terme dans des centres de stockage souterrains appropriés, construits en grande profondeur dans les formations géologiques continentales.

Le stockage géologique est un mode de gestion fondé sur le principe de sûreté passive, excluant *a priori* l'intervention humaine, et sur le principe de la défense en profondeur (voir p. 73) : superposition de barrières techniques (comme la matrice d'enrobage, l'enveloppe des colis, le surcolisage éventuel selon l'installation de stockage) à une barrière naturelle constituée de la couche géologique « hôte ». L'échelle de temps géologique étant largement supérieure à celle de la durée radioactive des déchets, le stockage géologique doit permettre de les confiner et de les isoler de la biosphère, en retardant les relâchements éventuels de radioéléments dans l'environnement jusqu'à ce que leur nocivité soit négligeable.

En outre, les formations géologiques profondes étant peu accessibles, les déchets y seront efficacement protégés des agressions externes, qu'elles soient d'origine naturelle (changement climatique) ou humaine (chute d'avion, intrusion humaine volontaire ou accidentelle).

Dans beaucoup de pays, France comprise, des laboratoires souterrains permettent *in situ* l'étude approfondie des propriétés des couches géologiques envisagées, et des perturbations qu'apporterait un futur site de stockage.

La loi française prévoit qu'un site de stockage géologique soit ouvert en 2025. Elle stipule aussi que la recherche doit continuer (sinon, à quoi bon la réversibilité ?), notamment sur la faisabilité de ne pas envoyer dans les déchets HA certains actinides mineurs, mais de les recycler dans les réacteurs de la génération IV. C'est ce que l'on désigne quelquefois sous le nom de ***séparation poussée et transmutation.***

Chapitre XIII

PROLIFÉRATION ET NON-PROLIFÉRATION

95 – Prolifération

La **prolifération** désigne l'augmentation du nombre d'États dotés d'un armement nucléaire. On précisait parfois prolifération horizontale, pour la distinguer de l'accroissement des arsenaux dans les pays déjà dotés d'un armement nucléaire, qualifié alors de prolifération « verticale », mais, compte tenu des efforts de réduction dans ces pays depuis les années 1980, le terme n'est plus guère usité.

On étend quelquefois le concept de prolifération au détournement d'arme ou de matière fissile, voire de matière radioactive non fissile (susceptible de servir à la fabrication de bombes « sales ») par des groupes subnationaux. Le concept de prolifération s'est, par ailleurs, étendu au domaine des armes chimiques et biologiques et à celui des vecteurs balistiques.

Inversement, on parle de ***non-prolifération*** pour désigner les moyens politiques ou techniques mis en œuvre pour combattre la prolifération.

On sait qu'à cause de la Seconde Guerre mondiale la première application de la fission nucléaire, tout juste découverte, fut la bombe atomique. Le premier engin fut testé le 16 juillet 1945 à Alamogordo, dans le désert du Nouveau-Mexique, et le mois suivant les bombardements d'Hiroshima et Nagasaki précipitaient la reddition du Japon. Ce sont toujours, heureusement, les seules bombes atomiques jamais utilisées. Le premier réacteur nucléaire électrogène ne fonctionnera que neuf ans plus tard, à Obninsk, près de Moscou.

Après les États-Unis, l'URSS (1949), le Royaume-Uni (1952), la France (1960) et enfin la Chine (1964) entrèrent dans le club des ***EDAN,*** États dotés d'armes nucléaires. La prolifération battait son plein, dans le contexte de la guerre froide.

96 – Traité de non-prolifération

Le **Traité de non-prolifération (TNP)** a été élaboré, en 1968, pour figer la situation en reconnaissant cinq puissances nucléaires légitimes, les EDAN, mais pas plus. Les autres pays signataires s'engageaient à ne pas chercher à se doter d'armes en acceptant les vérifications appropriées : en échange, les puissances nucléaires s'engageaient à réduire leur armement et à ne pas freiner les transferts de technologie civile. Le rôle de contrôleur de l'utilisation pacifique des matières nucléaires était confié à l'Agence internationale de l'énergie atomique (AIEA), créée par l'ONU à Vienne en 1957. Les transferts de technologie se sont rapidement généralisés, chaque exportateur imposant au récipiendaire ses propres conditions d'utilisation des technologies, installations et matières exportées dont, en particulier, le contrôle de l'AIEA sur les matières dans les pays « non dotés » *ENDAN*. Chaque pays signataire « non doté » s'engageait à signer avec l'Agence de Vienne un Protocole de contrôle et garanties. Dès 1970, le nombre requis de pays ayant ratifié le TNP étant atteint, ce dernier est entré en vigueur, pour une première durée de vingt-cinq ans. Il a été indéfiniment étendu en 1995, et les EDAN, toutes parties au Traité depuis 1992, mettent maintenant volontairement tout ou partie de leurs activités nucléaires civiles sous le contrôle de l'AIEA.

En dépit de soubresauts : explosion « pacifique » indienne en 1974, guerre du Golfe de 1990 qui a révélé le programme militaire clandestin de l'Irak, découverte en 2003 du réseau de marché noir orchestré par le Dr Abdul Qadir Khan, « père » de la bombe pakistanaise, le TNP et son régime de garanties *a permis de ralentir spectaculairement la prolifération*. Il n'a pas cependant empêché l'Inde, Israël et le Pakistan, non signataires du TNP, de se doter d'un armement nucléaire. Mais beaucoup de pays qui se préparaient à faire de même ont préféré renoncer. Il est trop tôt pour savoir dans quel sens vont se dénouer les crises actuelles avec l'Iran et la Corée du Nord.

Après l'escalade insensée de la guerre froide, la décennie 1990 a vu un vrai désarmement de tous les EDAN, sauf la Chine.

Après chaque crise, le régime de non-prolifération a été adapté : après l'explosion indienne, les pays exportateurs de technologie nucléaire se sont organisés pour s'autoréguler au sein du *NSG, nuclear suppliers group*. Après la guerre du Golfe, les pouvoirs et moyens de contrôle et d'inspection de l'AIEA ont été renforcés avec la mise au point en 1997 d'un ***Protocole additionnel,*** encore en cours de ratification par les parties au TNP.

Enfin, la découverte du « Bazar A. Q. Khan » et la crise qui s'en est suivie avec l'Iran provoquent beaucoup de réflexions sur des modifications à apporter pour mieux contrôler les ***technologies sensibles*** du cycle de combustible, notamment l'ultracentrifugation.

En effet, ce ne sont pas toutes les technologies nucléaires civiles qui sont susceptibles d'être détournées à des fins militaires (ou terroristes). Un REP ou un REB ne s'y prête absolument pas, tandis qu'un réacteur à chargement en marche doit être surveillé beaucoup plus étroitement. Une usine de diffusion gazeuse construite pour un enrichissement civil ne pourra pas fabriquer d'uranium très enrichi, mais on ne peut pas en dire autant d'une usine de centrifugation. Quant au traitement des combustibles usés, son « risque » dépend de la qualité isotopique du plutonium contenu dans les combustibles qu'on y fait passer.

L'histoire démontre abondamment que le nucléaire militaire a précédé le nucléaire civil, et que donc la prolifération n'a pas *besoin* du nucléaire civil. Elle dépend avant tout de la volonté politique d'un État de s'y livrer, d'y consacrer les ressources techniques et financières nécessaires, et d'en assumer les conséquences internationales.

Mais, pour que le développement nucléaire civil n'augmente pas ce risque « incompressible », il faut que le régime international assis sur le TNP et les contrôles de l'AIEA soit fort, et universel, si possible.

Chapitre XIV

LA FUSION NUCLÉAIRE CONTRÔLÉE

Nous ne dirons que quelques mots de la fusion nucléaire, qui est un sujet complet à elle seule (notamment traité dans le « Que sais-je » *La fusion nucléaire* de Joseph Weisse). C'est en quelque sorte l'inverse de la fission : au lieu de récupérer de l'énergie en cassant un noyau très lourd, on la récupère en ***fusionnant*** deux noyaux très légers. Dans les deux cas, cela vient d'une différence entre la somme des masses des noyaux et particules avant et après la réaction. Il s'agit bien de deux formes d'énergie nucléaire.

La seule réaction de fusion qui semble à notre portée fait intervenir deux isotopes lourds de l'hydrogène, le deutérium et le tritium (voir p. 45), suivant les réactions :

$$\begin{array}{l} D + T \rightarrow He + n + 17{,}5\,MeV \\ {}^{6}Li + n \rightarrow He + T \\ \hline D + {}^{6}Li \rightarrow 2\,He \end{array}$$

La seconde réaction est nécessaire pour produire le tritium à partir de l'isotope 6 du lithium, car le tritium n'a qu'une période de douze ans environ.

Ce qui permet la fission, c'est que le neutron, dépourvu de charge électrique, n'a pas de difficulté à s'approcher du noyau qui va l'absorber : il n'est repoussé ni par les électrons ni par les protons. En revanche, les noyaux légers, isotopes de l'hydrogène, ont la même charge électrique positive : pour fusionner, ils doivent surmonter la répulsion coulombienne, et s'approcher assez pour entrer dans le champ d'attraction de la force nucléaire, beaucoup plus forte que la force électromagnétique mais qui n'agit qu'à très courte distance.

97 – Plasma, 98 – Tokamak

Pour vaincre cette répulsion, il faut communiquer aux noyaux de très grandes vitesses en les portant à des températures extrêmement élevées, de l'ordre de 100 millions de degrés K. À ces températures, les atomes sont totalement dissociés en ions (noyaux nus, en l'occurrence) et électrons, dans ce quatrième état de la matière qu'on appelle **plasma.** Une étoile est *grosso modo* un plasma d'hydrogène où les ions, retenus par la gravitation, confinés, fusionnent progressivement en ions d'hélium (puis au-delà).

Sur Terre, où la gravité est trop faible, il faut trouver un autre moyen pour confiner le plasma.

Dans le ***confinement inertiel,*** on comprime violemment un mélange gazeux pour le porter à très haute température et très haute densité : on déclenchera en un temps très court des réactions de fusion et l'énergie produite disséminera le tout dans une explosion. C'est le principe des bombes H, que l'on peut reproduire en miniature en comprimant à l'aide de lasers ultrapuissants des microbilles contenant ce mélange. Une éventuelle utilisation de ce procédé comme source d'énergie apparaît, au mieux, fort lointaine.

Dans le ***confinement magnétique,*** on confine un plasma très peu dense par une combinaison de champs magnétiques qui l'isolent de tout contact avec une paroi matérielle. C'est la voie qu'on estime susceptible de permettre un jour l'utilisation de la fusion contrôlée comme source d'énergie. La machine qui obtient aujourd'hui les meilleures performances est le **tokamak** inventé en URSS en 1954.

En 2005, tous les pays impliqués dans les recherches sur la fusion (Union européenne, Japon, Russie, États-Unis, Corée du Sud, Chine et Inde) ont décidé de construire en commun à Cadarache le plus gros tokamak du monde, ***ITER,*** qui devrait commencer ses expériences vers 2019 et les poursuivre sur une quinzaine d'années. On attend d'ITER qu'il apporte la démonstration physique de la fusion par confinement magnétique en produisant pendant plusieurs minutes dix fois plus d'énergie que ce qu'il aura fallu dépenser pour le chauffage du plasma. Il faudra aussi, mais sur d'autres installations, développer et tester les matériaux adaptés à cette technologie, notamment ceux qui feront face au plasma et subiront des températures très élevées et un bombardement neutronique intense.

Ensuite viendra un réacteur de démonstration qui produira réellement de l'énergie, puis un prototype qui permettra d'évaluer le vrai potentiel technique et économique de cette source d'énergie prometteuse mais encore lointaine.

Chapitre XV

ÉNERGIE NUCLÉAIRE ET OPINION PUBLIQUE

Bien que la première manifestation de la maîtrise de l'énergie que l'on appelait alors « atomique » ait été le bombardement d'Hiroshima et de Nagasaki, elle a été saluée par un véritable enthousiasme et créditée de performances (futures) extraordinaires. On pouvait ainsi lire, dans un agenda populaire de 1946 :

« Une tuyère d'acier, alimentée par une sphère à l'uranium et dirigée vers l'arrière, suffira pour propulser une voiture sans moteur à 300 km/h, les trains, les autorails, les avions – dérivés des "avions à réaction" construits pendant la guerre – fileront à d'énormes vitesses. Une brique d'uranium pesant 5 kg, que le commandant emportera dans sa valise, propulsera un grand paquebot du Havre à New York. La navigation interplanétaire entrera immédiatement dans le possible. »

L'un des patrons de l'Atomic Energy Commission américaine prédisait en 1954 que l'électricité nucléaire serait si bon marché que ça ne vaudrait pas la peine d'installer des compteurs *(too cheap to meter)*. En France, au début des années 1950, lorsqu'il a fallu déplacer les habitants du petit village de Tignes pour y construire un barrage, les magazines déploraient qu'on ne construise pas plutôt des « piles atomiques ».

La guerre froide a mis fin à la lune de miel entre énergie atomique et opinion publique. Selon certains psychologues, l'angoisse insupportable d'une guerre nucléaire aurait été inconsciemment transférée sur les centrales en une peur plus « confortable », en quelque sorte. Quand les « piles atomiques » ont été rebaptisées « réacteurs nucléaires », appellation techniquement plus correcte et qui voulait peut-être se distancer plus de la bombe A, cette dernière est devenue « arme nucléaire », et le slogan international des contestataires : « No nukes », s'appliquait indifféremment au militaire et au civil.

En France, pourtant, EDF a pu construire sa première génération de centrales nucléaires sans opposition notable, ni locale ni nationale, à l'exception peut-être de la Bretagne, autour de Brennilis. La dynamique de la reconstruction d'après guerre était encore vive, et les sujets politiquement chauds étaient la décolonisation et ses suites. Même la « force de frappe » était globalement populaire dans les années 1960.

99 – Contestation

Après 1968, avec la contestation généralisée de l'autorité en général, qu'elle soit politique, scientifique ou simplement parentale, de la centralisation du pouvoir, de la société de consommation et avec les premières prises de conscience de la nécessité de préserver l'environnement, l'énergie nucléaire qui cumulait plusieurs de ces aspects est devenue la cible préférée des mouvements environnementalistes à travers le monde. En France, c'est surtout le site de Fessenheim, à la frontière avec l'Allemagne, qui en a fait les frais, d'autant plus que certains reprochaient à EDF d'y construire des réacteurs de la « filière américaine ».

Avec l'annonce du grand programme de seconde génération, le gouvernement a fait publier par EDF la carte de tous les sites envisageables en France pour une implantation de centrale nucléaire : il y en avait 104 ! Du coup, plus personne ne s'est senti à l'abri, et la **contestation** a changé d'échelle, pour atteindre un pic en 1977 avec les grandes manifestations contre La Hague et Creys-Malville. Cette dernière, qui a provoqué un mort parmi les manifestants – dont beaucoup venaient du reste de l'Europe –, a marqué la fin de la contestation nationale. Tous les sondages réalisés entre 1978 et 1985 montrent un soutien largement majoritaire au programme nucléaire français, dont le deuxième choc pétrolier de 1979 a encore souligné le rôle essentiel pour sortir du carcan pétrolier. Il ne faut pas oublier que l'équipement hydraulique était terminé, que depuis 1963 le charbon national décroissait très rapidement, et que le gaz de Lacq servait surtout à la cuisine et au chauffage. En 1973, les deux tiers de l'énergie consommée en France venaient du pétrole, et 68 % de l'électricité était produite par des centrales au fioul ! Quand les Français entendaient chaque soir le slogan célèbre : « En France, on n'a pas de pétrole, mais on a des idées », ils savaient bien que les idées en question étaient au nombre de deux : les économies d'énergie et l'électricité nucléaire. Sur le plan local, cependant, certains sites faisaient l'objet d'oppositions violentes, notamment Plogoff et Le Pèlerin, et les centrales frontalières comme Cattenom n'étaient pas forcément bien vues des voisins. D'autres localités qui ne figuraient pas sur la fameuse carte de 1974 réclamaient au contraire une centrale, et c'est ainsi que, après l'abandon du Pellerin puis de Carmet, EDF est partie construire à Civaux.

Contrairement aux États-Unis, l'accident de Three Mile Island n'a guère eu d'impact sur l'opinion en France. De même, le grand chambardement politique de 1981 n'a pas changé le consensus français sur le nucléaire : seul le site de Plogoff a été abandonné à cette occasion.

En revanche, renversement brutal de tendance en 1986 après l'accident de Tchernobyl. L'ampleur de l'accident et la maladresse avec laquelle les autorités françaises ont réagi se sont combinées avec les effets du contre-choc pétrolier qui remettait en cause la compétitivité économique du nucléaire tandis que l'accusation de suréquipement faisait disparaître l'urgence du besoin. Ce choc dans l'opinion n'a, pour autant, pas atteint l'ampleur qu'il a connue dans d'autres pays de l'Europe de l'Ouest, conduisant par exemple les Allemands à programmer l'extinction prématurée de leur programme nucléaire et les Italiens à complètement arrêter le leur, cas unique jusqu'à présent.

Dans les dix années qui ont suivi, l'opposition au nucléaire s'est renforcée et a pris un tour plus politique avec les Verts, la majorité de l'opinion revenant lentement vers un soutien, méfiant et fragile, au moins en ce qui concerne les centrales elles-mêmes – d'autant plus qu'il n'y avait pas besoin d'ouvrir de nouveau site. On constate très généralement autour des sites nucléaires une acceptation bien supérieure à la moyenne nationale.

Mais la contestation monte à la fin des années 1980 autour des sites envisagés pour l'implantation d'un centre de stockage des déchets radioactifs à vie longue (cf. chap. XIII). Au fur et à mesure que s'éloignait le spectre de Tchernobyl, les déchets disputent à la sûreté la première place dans les causes de réticence vis-à-vis du nucléaire.

En 1990, devant la violence de l'opposition locale, le Premier ministre Michel Rocard décida un moratoire sur toute recherche de site et confia au député Christian Bataille une mission pour tenter de sortir de l'impasse. À l'issue de la mission Bataille, le Parlement vota le 30 décembre 1991 une loi qui institue quinze ans de recherches pour permettre, à l'issue de cette période et au vu des résultats obtenus en France et à l'étranger, de décider de la méthode de gestion finale des déchets HA et MA-VL. En 2006, le Parlement a voté une nouvelle loi fixant méthode (stockage géologique réversible) et calendrier (2025). La loi de 1991 stipulait l'ouverture de laboratoires souterrains pour valider l'option d'un stockage géologique. Malheureusement, pour un mélange de raisons techniques et politiques, seul un laboratoire souterrain, situé à Bure, a été réalisé : élus et populations locales se sont légitimement sentis floués.

À l'arrivée au pouvoir de la « majorité plurielle » en 1997, les Verts ont exigé et obtenu l'arrêt très prématuré de Superphénix, mais le reste des activités nucléaires n'a pas été trop affecté. On constate cependant une érosion lente mais continue du soutien du public au nucléaire sur toute la législature.

Les grands débats publics de fin 2005 n'ont pas rameuté les foules, sauf au voisinage de Bure, ce qui souligne bien que l'acceptation d'un site de stockage des déchets radioactifs reste le talon d'Achille du nucléaire. Pour le reste, en France comme ailleurs, la prise de conscience du risque climatique et de la vulnérabilité quant à l'approvisionnement en hydrocarbures a conforté les opinions pronucléaires et même amené quelques écologistes connus à réviser leur opinion.

100 – Eurobaromètre

Le plus récent sondage d'opinion « Eurobaromètre » effectué pour la Commission européenne en 2008 et portant sur 1 000 citoyens de chacun des 27 pays de l'Union donnait les résultats suivants :

Plus ou moins en faveur du nucléaire : 44 %
Plus ou moins contre l'énergie nucléaire : 45 %
Sans opinion : 11 %

Par comparaison avec un sondage analogue de 2005 (portant alors sur 25 pays), le nucléaire avait gagné 7 % d'opinions favorables en trois ans, tandis que l'opposition reculait de 10 points.

Mais à ceux qui s'étaient déclarés plus ou moins opposés au nucléaire, on posait la question subsidiaire : « Et si vous étiez convaincu qu'il existe une solution sûre et durable au problème des déchets radioactifs, changeriez-vous votre opinion ? » La réponse ? 39 % abandonneraient leur opposition au nucléaire.

SIGLES ET ACRONYMES

ADN : acide désoxyribonucléique, support du capital génétique dans nos cellules (noyau et mitochondries).

AGR : *Avanced Gas-cooled Reactor,* réacteurs anglais de deuxième génération.

AIEA : Agence internationale de l'énergie atomique. Agence dépendant de l'ONU, créée en 1957 pour surveiller l'usage exclusivement civil des matières nucléaires.

ASN : Autorité de sûreté nucléaire. Haute autorité administrative chargée en France de la sécurité et de la transparence de l'information nucléaires.

BWR : *Boiling Water Reactor.* Réacteur de deuxième génération refroidi et modéré à l'eau ordinaire bouillante (en français, REB).

CANDU : réacteur d'origine canadienne, refroidi et modéré à l'eau lourde et utilisant l'uranium naturel.

CLI : Commission locale d'information du public autour des installations nucléaires de base.

CNDP : Commission nationale du débat public, instituée par une loi de juillet 2002.

EDAN : État doté d'armes nucléaires (tel que défini par le Traité de non-prolifération – TNP).

EDF : Électricité de France. Principal producteur et distributeur français d'électricité, et premier producteur mondial d'électricité nucléaire.

ENDAN : État non doté d'armes nucléaires.

EPR : *Evolutionary Power Reactor.* Réacteur européen, archétype de la troisième génération.

eV : électronvolt, unité d'énergie.

FA : déchet radioactif de faible activité.

GIF : *Generation 4 International Forum.* Organe multinational de collaboration sur la R&D des systèmes nucléaires de génération 4.

GT-MHR : *Gas Turbine Modular High temperature Reactor*. Réacteur à haute température.

HA : déchet radioactif de haute activité.

INB : installation nucléaire de base.

INES : *International Nuclear Events Scale*. Échelle de gravité relative des incidents et accidents nucléaires.

IPE : installation de production d'électricité. Partie « classique » d'une centrale nucléaire.

IRSN : Institut de recherches sur la radioprotection et la sûreté nucléaire, soutien technique de l'ASN.

ITER : *International Tokamak Experimental Reactor*. Installation expérimentale destinée à démontrer la faisabilité physique de la fusion nucléaire contrôlée.

kWh : kilowattheure. Unité d'énergie.

MA : déchet radioactif de moyenne activité.

Magnox : réacteur nucléaire anglais de première génération.

MOX : *Mixed Oxide*. Combustible nucléaire permettant de recycler le plutonium dans les réacteurs à eau ordinaire.

MWj/t : mégawatt•jour par tonne. Caractérise le taux d'épuisement d'un combustible nucléaire.

OPECST : Office parlementaire d'évaluation des choix scientifiques et technologiques.

PBMR : *Pebble Bed Modular Reactor*. Réacteur à haute température.

PF : produit de fission, résultant de la fission d'un noyau lourd, uranium ou plutonium.

PWR : *Pressurized Water Reactor*. Réacteur de deuxième génération refroidi et modéré à l'eau ordinaire sous pression (en français, REP).

RBMK : réacteur de conception soviétique produisant de l'électricité et du plutonium à des fins militaires. Le réacteur accidenté à Tchernobyl était un RBMK.

REB : réacteur à eau bouillante (voir BWR).

REP : réacteur à eau pressurisée (voir PWR).

RNR : réacteur surgénérateur à neutrons rapides.

RSF : réacteur à sel fondu, dont le combustible est liquide.

SILVA : séparation isotopique par laser en vapeur atomique. Un des procédés d'enrichissement de l'uranium.

tep : tonne d'équivalent pétrole. Mesure de quantité d'énergie.
TFA : déchet radioactif de très faible activité.
UNGG : uranium naturel gaz graphite. Réacteur français de première génération.
UTS : unité de travail de séparation. Mesure de l'énergie nécessaire à l'enrichissement de l'uranium.
VHTR : réacteur de quatrième génération à haute température.
VL : vie longue. Déchet radioactif dont la période excède trente ans.
VVR : réacteur à eau pressurisée (type REP) de conception soviétique/russe.

INDEX

TABLE DES MATIÈRES

Imprimé en France
par MD Impressions
73, avenue Ronsard, 41100 Vendôme
Avril 2009 — N° 55 199

MD Impressions est titulaire du label Imprim'Vert®